建筑安装工程施工工艺标准系列丛书

地基与基础工程施工工艺

山西建设投资集团有限公司　组织编写

张太清　霍瑞琴　主编

U0210820

中国建筑工业出版社

图书在版编目(CIP)数据

地基与基础工程施工工艺/山西建设投资集团有限公
司组织编写. —北京：中国建筑工业出版社，2018.12（2020.11重印）
（建筑安装工程施工工艺标准系列丛书）
ISBN 978-7-112-22879-9

Ⅰ.①地…　Ⅱ.①山…　Ⅲ.①地基-工程施工②基
础（工程)-工程施工　Ⅳ.①TU47②TU753

中国版本图书馆 CIP 数据核字(2018)第 246301 号

　　责任编辑：万　李　张　磊
　　责任校对：姜小莲

建筑安装工程施工工艺标准系列丛书
地基与基础工程施工工艺
山西建设投资集团有限公司　组织编写
张太清　霍瑞琴　主编

*

中国建筑工业出版社出版、发行（北京海淀三里河路9号）
各地新华书店、建筑书店经销
北京科地亚盟排版公司制版
北京建筑工业印刷厂印刷

*

开本：787×960毫米　1/16　印张：15¾　字数：304千字
2019年3月第一版　2020年11月第三次印刷
定价：**45.00**元
ISBN 978-7-112-22879-9
（32979）

发 布 令

　　为进一步提高山西建设投资集团有限公司的施工技术水平，保证工程质量和安全，规范施工工艺，由集团公司统一策划组织，系统内所有骨干企业共同参与编制，形成了新版《建筑安装工程施工工艺标准》（简称"施工工艺标准"）。

　　本施工工艺标准是集团公司各企业施工过程中操作工艺的高度凝练，也是多年来施工技术经验的总结和升华，更是集团实现"强基固本，精益求精"管理理念的重要举措。

　　本施工工艺标准经集团科技专家委员会专家审查通过，现予以发布，自2019年1月1日起执行，集团公司所有工程施工工艺均应严格执行本"施工工艺标准"。

山西建设投资集团有限公司

党委书记：

董事长：

2018 年 8 月 1 日

丛书编委会

本书编委会

序

　　企业技术标准是企业发展的源泉，也是企业生产、经营、管理的技术依据。随着国家标准体系改革步伐日益加快，企业技术标准在市场竞争中会发挥越来越重要的作用，并将成为其进入市场参与竞争的通行证。

　　山西建设投资集团有限公司前身为山西建筑工程（集团）总公司，2017年经改制后更名为山西建设投资集团有限公司。集团公司自成立以来，十分重视企业标准化工作。20世纪70年代就曾编制了《建筑安装工程施工工艺标准》；2001年国家质量验收规范修订后，集团公司遵循"验评分离，强化验收，完善手段，过程控制"的十六字方针，于2004年编制出版了《建筑安装工程施工工艺标准》（土建、安装分册）；2007年组织修订出版了《地基与基础工程施工工艺标准》、《主体结构工程施工工艺标准》、《建筑装饰装修施工工艺标准》、《建筑屋面工程施工工艺标准》、《建筑电气工程施工工艺标准》、《通风与空调工程施工工艺标准》、《电梯与智能建筑工程施工工艺标准》、《建筑给水排水及采暖工程施工工艺标准》共8本标准。

　　为加强推动企业标准管理体系的实施和持续改进，充分发挥标准化工作在促进企业长远发展中的重要作用，集团公司在2004年版及2007年版的基础上，组织编制了新版的施工工艺标准，修订后的标准增加到18个分册，不仅增加了许多新的施工工艺，而且内容涵盖范围也更加广泛，不仅从多方面对企业施工活动做出了规范性指导，同时也是企业施工活动的重要依据和实施标准。

　　新版施工工艺标准是集团公司多年来实践经验的总结，凝结了若干代山西建投人的心血，是集团公司技术系统全体员工精心编制、认真总结的成果。在此，我代表集团公司对在本次编制过程中辛勤付出的编著者致以诚挚的谢意。本标准的出版，必将为集团工程标准化体系的建设起到重要推动作用。今后，我们要抓住契机，坚持不懈地开展技术标准体系研究。这既是企业提升管理水平和技术优势的重要载体，也是保证工程质量和安全的工具，更是提高企业经济效益和社会效益的手段。

　　在本标准编制过程中，得到了住建厅有关领导的大力支持，许多专家也对该标准进行了精心的审定，在此，对以上领导、专家以及编辑、出版人员所付出的辛勤劳动，表示衷心的感谢。

在实施本标准过程中，若有低于国家标准和行业标准之处，应按国家和行业现行标准规范执行。由于编者水平有限，本标准如有不妥之处，恳请大家提出宝贵意见，以便今后修订。

山西建设投资集团有限公司

总经理：

2018 年 8 月 1 日

前　言

本书是山西建设投资集团有限公司《建筑安装工程施工工艺标准系列丛书》之一。该标准经广泛调查研究，认真总结工程实践经验，参考有关国家、行业及地方标准规范，在 2007 版基础上经广泛征求意见修订而成。

该书编制过程中主要参考了《建筑工程施工质量验收统一标准》GB 50300—2013、《建筑地基基础工程施工质量验收规范》GB 50202—2018、《建筑地基处理技术规范》JGJ 79—2012 等标准规范。每项标准按引用标准、术语、施工准备、操作工艺、质量标准、成品保护、注意事项、质量记录八个方面进行编写。

本标准修订的主要内容是：

1　地基处理工程中取消了重锤夯实，原因是近年来该工艺基本不用；增加了石灰、粉煤灰二灰土地基和夯实水泥土桩。

2　基础工程部分将原桩基承台分为钢筋混凝土独立条形基础和筏形基础；泥浆护壁灌注桩分为冲击钻成孔、旋挖成孔、正反循环成孔、长螺旋钻孔压灌、灌注桩后压浆、机动洛阳铲成孔（干作业）、沉管灌注桩。

3　将基坑人工开挖、机械开挖合并为土方开挖；将人工回填、机械回填合并为土方回填。

本书可作为地基与基础工程施工生产操作的技术依据，也可作为编制施工方案和技术交底的蓝本。在实施工艺标准过程中，若国家标准或行业标准有更新版本时，应按国家或行业现行标准执行。

本书在编制过程中，限于技术水平，有不妥之处，恳请提出宝贵意见，以便今后修订完善。随时可将意见反馈至山西建设投资集团公司技术中心（太原市新建路 9 号，邮政编码 030002）。

目　　录

第1篇 地 基

第1章 素土、灰土地基

本工艺标准适用于一般工业与民用建筑的素土、灰土地基工程。

1 引用标准

《建筑工程施工质量验收统一标准》GB 50300—2013；
《建筑地基工程施工质量验收标准》GB 50202—2018；
《建筑地基基础工程施工规范》GB 51004—2015；
《建筑地基处理技术规范》JGJ 79—2012。

2 术语

2.0.1 素土：是天然沉积土层中没有掺杂其他杂质、密度细腻均匀、有一定黏稠度的土。

2.0.2 灰土地基：是将消石灰粉和素土按一定比例拌和均匀，采用压实或夯实机具在合适含水率条件下进行压实或夯实的地基。

3 施工准备

3.1 作业条件

3.1.1 编制素土、灰土地基施工方案，并按规定程序审批；工程开工前，应按要求进行技术（安全）交底。

3.1.2 对设计单位移交的控制桩进行复测，符合要求后，进行施工区域测量控制点布设，测设定位桩、轴线桩、水准基点，放样出施工区域。

3.1.3 清除施工场地内腐殖土、杂土、杂物及有机物质。

3.1.4 对基坑（槽）进行钎探及验槽。当区域内基底遇有障碍物及地下管线、洞穴、枯井、古墓、旧基础、暗塘等部位时，应会同有关单位按相关要求予以处理，并进行隐蔽工程验收。

3.1.5 基槽（坑）回填土前，应对基底原地面进行压实或夯实，并按设计

1

要求进行基底质量检测。

3.1.6 基础外侧填方，必须对基础、地下室和地下防水层、管道等保护层进行验收，发现损坏应及时修理，办理隐蔽验收手续。对现浇的混凝土基础墙、地梁及砖基础墙等均应达到强度要求后方可回填。室内地坪和管沟铺填素土、灰土前，应先完成管道的安装或管沟墙间的加固措施。

3.1.7 施工前，应进行土料、石灰原材料的试验检验，符合设计要求后，方能使用。

3.1.8 根据工程要求，进行石灰土配合比试验确定，灰土宜采用体积配合比。

3.1.9 施工前，应根据工程特点、填料种类、施工条件、设计要求等，通过击实试验确定填料最佳含水率、最大干密度，进行试验性施工。通过试验性施工，确定每层虚铺厚度、夯压机械及组合、夯（压）实遍数及速度、施工顺序等参数。

3.1.10 施工前，应做好测量放线工作，以控制素土及灰土的水平标高。一般在基坑（槽）边坡上每隔 3m 左右钉好水平木桩，在室内或散水的边墙上，应弹出＋0.5m 标高线。

3.2 材料及机具

3.2.1 素土地基土料宜采用基坑（槽）中挖出的原土，并各项指标应符合设计要求。一般采用黏性土及塑性指数大于 4 的粉土，土料中有机质含量不应大于 5%，并应过筛，其粒径不得大于 15mm，含水量应符合压实要求。不应含有冻土或膨胀土，严禁采用地表耕植土、淤泥及淤泥质土、杂填土等土料。

3.2.2 灰土地基可采用黏土或粉质黏土，有机质含量不应大于 5%，并应过筛，其颗粒不得大于 15mm，石灰宜采用Ⅲ级以上、活性 CaO＋MgO 含量（按干重计）不少于 60%的新鲜块灰或生石灰粉。其颗粒不得大于 5mm，且不应含有未熟化的生石灰块，灰土的体积配合比宜为 2∶8 或 3∶7，灰土应搅拌均匀。

3.2.3 主要机具：推土机、挖土机、压路机、蛙式或柴油打夯机、翻斗汽车、机动翻斗车、筛土机等。

3.2.4 其他用具：木夯、铁锹、手推车、筛子、标准斗、靠尺、耙子、小线、钢卷尺等。

4 操作工艺

4.1 工艺流程

土料及石灰粉原材检验并过筛 → 钎探验槽及基底清理 → 素、灰土拌合 →

工艺性试验 → 分层摊铺 → 分层夯（压）实 → 分层检测 → 修整找平

4.2　土料及石灰检验

首先检验回填土料及石灰材料的质量是否符合要求，然后分别过筛，以确保粒径满足要求。

4.3　钎探验槽及槽底清理

基坑（槽）形成后，即对坑（槽）底进行钎探，按要求清除基底下的障碍物、地下管线、旧基础及杂物等，处理洞穴、枯井、古墓、暗塘等软弱部位，并办理验槽手续。基坑（槽）底面清理干净后进行压实或夯实，并按设计要求进行基底质量检测。

4.4　灰土拌合

4.4.1　素土、灰土拌合时，应适当控制含水量，如土料水分过大或不足时，应晾干或洒水润湿，现场以手握成团，两指轻捏即散为宜。

4.4.2　灰、土过筛后，依设计要求的配合比进行配合。灰土应过标准斗，严格控制配合比。拌合时必须均匀一致，至少翻拌 2～3 次，以达到灰土颜色一致。

4.4.3　灰土拌合后应立即摊铺、压实，不宜过久存放。

4.5　工艺性试验

施工前，应根据工程特点、填料及设计要求等，进行现场试验性施工。通过试验性施工，确定回填土每层的虚铺厚度、夯压机械组合、夯（压）实遍数及速度、施工顺序等，形成试验报告，经审批后指导后续大面积施工。

4.6　分层摊铺

4.6.1　素土、灰土摊铺时，应分段分层填筑，每层的摊铺厚度，可参考表 1-1 选用，正式施工具体数值由工艺性试验确定。

素土、灰土最大虚铺厚度

表 1-1

压（夯）实机具	每层铺土厚度（mm）	每层压实遍数（遍）
平碾	250～300	6～8
振动压路机	250～350	3～4
手持式振动压路机	200～250	3～4
手持式打夯机	不大于 200	3～4

4.6.2　各层铺摊后均应挂线找平，并按对应标高控制桩或用带有刻度的测杆，进行标高、厚度的检查。

4.6.3　填料的含水率应控制在最佳含水率的±2%。

4.7　分层压（夯）实

4.7.1　素土、灰土摊铺好后，即进行碾压或夯实。碾压或夯实的遍数、顺序应根据设计要求和现场试验性施工确定的参数进行控制。手持式打夯机夯实时，应夯与夯搭接 1/3。

4.7.2 回填土分段施工时，不得在地面受荷重较大的部位接缝，上下两层灰土的接缝距离不得小于 500mm，接槎处应充分夯实，并作成直槎。

4.7.3 分段铺填的交接处应做成阶梯形，梯边留成内倾斜坡。当相邻两坑回填时，应先将深坑分层夯填至与浅坑基底标高时，然后一起夯填。

4.7.4 素土、灰土摊铺后应及时碾压、夯实。

4.7.5 在回填、压实过程中不得损伤和碰撞建（构）筑物基础及各结构构件。

4.8 分层检测

每层压（夯）实后，应按规定进行环刀取样，测出土的干密度，并对照最大干密度换算成压实系数，达到要求后，再进行上一层填夯。

4.9 修整找平

4.9.1 素土、灰土最上一层完成后，应用水准仪、拉线和用靠尺检查标高及平整度，超高处用铁锹铲平，低注处应及时补填夯实。

4.9.2 素土、灰土地基完工后，应及时进行验收并及时进行基础施工与基坑回填，或在灰土表面做临时性覆盖，避免日晒雨淋或受冻。

5 质量标准

5.0.1 素土、灰土地基主控项目的质量检验标准应符合表 1-2 要求。

素土、灰土地基主控项目质量检验标准   表 1-2

检查项目	允许偏差或允许值	检查方法
地基承载力	不小于设计值	静载试验
配合比	设计值	检查拌和时的体积比
压实系数	不小于设计值	环刀法

注：检验批次及数量按设计要求或相关质量验收规范执行。

5.0.2 素土、灰土地基一般项目的质量检验标准应符合表 1-3 要求。

素土、灰土地基一般项目检验标准   表 1-3

检查项目	允许偏差或允许值	检查方法
石灰 CaO＋MgO 含量（%）	不小于 60	试验室检测
石灰粒径（mm）	≤5	筛析法
土料有机含量（%）	≤5	灼烧减量法
土颗粒粒径（mm）	≤15	筛析法

检查项目	允许偏差或允许值	检查方法
含水量（％）	最优含水量±2	烘干法
分层厚度（mm）	±50	水准测量
顶面标高（mm）	±15	用水准仪或拉线和尺量检查
表面平整度（mm）	15	用2m靠尺和楔形塞尺检查

注：筏形与箱形基础检验点数量为每50～100m² 不应少于1个点；条形基础的地基检验点数量每10～20m 不应少于1个点；每个独立柱基不应少于1个点。

6 成品保护

6.0.1 施工时应注意妥善保护定位桩、轴线桩、水准基点，防止碰撞位移，并经常复测检查，发现问题及时处理。

6.0.2 对基础、防水层、保护层以及从基础墙伸出的各种管线，均应妥善保护，防止回填土时碰撞或损坏。

6.0.3 灰土、素土地基施工完成后，应及时进行基础的施工和地坪面层的施工，否则应做临时遮盖，防止日晒雨淋和受水浸泡。

7 注意事项

7.1 应注意的质量问题

7.1.1 素土、灰土地基施工时，每夯（压）实一层，均应检验该层的密实度，未达到设计要求的部位，应进行处理。

7.1.2 灰土配合比计量要准确且拌合均匀，以免造成灰土地基密实度不均匀。

7.1.3 回填土夯（压）时，干土应适当洒水润湿；回填土太湿，应进行晾晒。若夯不密实或出现"橡皮土"时，应挖出，重新换土再压（夯）实。

7.1.4 素土、灰土施工时要严格执行留、接槎的规定，接槎应垂直切齐。

7.1.5 石灰应认真过筛，防止石灰颗粒过大，遇水熟化体积膨胀，造成上层垫层、基础拱裂。

7.1.6 雨天施工时，应采取防雨或排水措施，防止刚碾压（夯）完或尚未夯实的填料遭雨淋浸泡。

7.1.7 冬期不宜进行素土、灰土地基施工，否则应编好分项冬期施工方案；施工中严格执行施工方案中的技术措施，防止造成回填土冻胀等质量问题。

7.1.8 地基完成后，应认真检查填土表面的标高及平整度，防止垫层过厚或过薄，造成地面开裂、空鼓。

7.2　应注意的安全问题

7.2.1　筛灰及拌合、摊铺灰土时，应做好个人防护，正确使用防护用品。

7.2.2　石灰消解时，应设专人看守，并设置明显的安全警示标志，防止人或动物误入受伤害。

7.2.3　所有设备电路要架空设置，不得使用不防水的电线或绝缘层有损伤的电线。电闸箱要有接地装置，加盖防雨罩，电路接头要安全可靠，开关要有保险装置。

7.2.4　非机电设备操作人员，不得擅自动用机电设备。使用蛙式打夯机时，要两人操作，其中一人负责移动胶皮线，操作夯机人员，必须戴胶皮手套，以防触电。

7.2.5　填土压（夯）过程中，应随时注意边坡土的变化。应对称回填，防止坍塌。当出现塌方危险时，应采取适当支护措施。基坑（槽）边不得堆放重物或停放机械。

7.2.6　雨期施工时，基坑（槽）或管沟回填应连续进行，尽快完成。施工中应防止地面水流入坑（槽）内，以防边坡塌方或使基土遭到破坏。

7.3　应注意的绿色施工问题

7.3.1　素土、灰土应在施工各过程中进行适当的遮盖，防止扬尘。

7.3.2　当夯击或碾压振动对邻近既有或正在施工中建筑物产生有害影响时，应采取有效预防措施。

8　质量记录

8.0.1　技术交底记录。

8.0.2　素土及石灰试验报告。

8.0.3　土壤击实试验报告。

8.0.4　素土或灰土的干密度试验报告。

8.0.5　地基承载力试验报告。

8.0.6　隐蔽工程检查验收记录。

8.0.7　素土、灰土地基填筑施工记录。

8.0.8　地基钎探记录。

8.0.9　素土、灰土地基工程检验批质量验收记录。

8.0.10　素土、灰土地基分项工程质量验收记录。

8.0.11　其他技术文件。

第 2 章 砂、砂石地基

本工艺标准适用于工业与民用建筑中的砂和砂石地基工程，适用于浅层软弱土层或不均匀土层的地基处理，也适用于大面积填土地基处理。

1 引用标准

《建筑工程施工质量验收统一标准》GB 50300—2013；
《建筑地基工程施工质量验收标准》GB 50202—2018；
《建筑地基基础工程施工规范》GB 51004—2015；
《建筑地基处理技术规范》JGJ 79—2012。

2 术语

2.0.1 砂和砂石地基是指采用砂或砂砾石（碎石）混合物，经分层回填、分层夯（压）实，作为地基的持力层，提高基础下部地基强度，并通过垫层的压力扩散作用，降低地基的压应力，减少变形量。

3 施工准备

3.1 作业条件

3.1.1 编制砂和砂石地基施工方案，并按规定程序审批；工程开工前，应按要求进行技术（安全）交底。

3.1.2 对设计单位移交的控制桩进行复测，符合要求后，进行施工区域测量控制点布设，测设定位桩、轴线桩、水准基点，放样施工区域。

3.1.3 清除施工场地内杂土、杂物、腐殖土等。

3.1.4 砂和砂石地基施工前，应组织有关单位对基坑（槽）进行钎探及验槽，当区域内基底遇有障碍物及地下管线、洞穴、枯井、古墓、旧基础、暗塘等部位时，应会同有关单位按相关要求予以处理，并进行隐蔽工程验收。

3.1.5 基槽（坑）回填土前，应对基底进行原地面压实或夯实，并按设计要求进行基底质量检测。

3.1.6 施工前，应对砂和砂石进行有机含量、含泥量、级配、颗粒粒径等指标进行检验、试验。人工级配砂石应通过试验确定配合比例，使其符合设计要求。

3.1.7 施工前，应根据工程特点、填料种类、施工条件、设计要求等，通过击实试验确定填料最佳含水率、最大干密度，进行试验性施工。通过试验性施工，确定每层虚铺厚度、夯压机械及组合、夯（压）实遍数及速度、施工顺序等参数。

3.1.8 已采取排水或降低水位措施，使基坑（槽）保持无水状态。

3.1.9 施工前，在边坡及适当部位设置控制铺填厚度的水平木桩或标高桩，在边墙上弹好水平控制线。一般在基坑（槽）边坡上每隔 3m 左右钉水平木桩；在边墙上弹 0.5m 标高线。大面积铺设时，应设置 5m×5m 网格标桩，控制每层铺设厚度。

3.2　材料及机具

3.2.1 级配砂石宜采用质地坚硬的中砂、粗砂、砾砂、碎（卵）石、石屑或其他工业废粒料；在缺少中、粗砂和砾砂的地区，可在细砂中掺入一定数量、粒径 20～50mm 的卵石或碎石，颗粒级配应符合设计要求。

3.2.2 级配砂石中不得含有草根、树叶、垃圾等杂质，其有机含量应小于 5%，含泥量不应大于 5%。碎石或卵石最大粒径不得大于铺筑厚度的 2/3，且不宜大于 50mm。

3.2.3 主要机具：平板式振动器、插入式振动器、木夯、蛙式或柴油打夯机、（6～10t）压路机、推土机、挖土机、机动翻斗车、手推车、铁锹、钢叉、喷水用胶管、靠尺、钢卷尺等。

4　操作工艺

4.1　工艺流程

砂和砂石检验 → 钎探验槽及基底清理 → 分层铺筑砂石 → 洒水 →

夯实或碾压 → 分层检测 → 修整找平

4.2　砂和砂石检验

开工前，应对砂和砂石进行有机含量、含泥量、级配、颗粒粒径等指标进行检验、试验。

4.3　钎探验槽及基底清理

基坑（槽）形成后，即对坑（槽）底进行钎探，按要求清除基底下的障碍物、地下管线、旧基础及杂物等，处理洞穴、枯井、古墓、暗塘等软弱部位，并办理验槽手续。基坑（槽）底面清理干净后进行压实或夯实，并按设计要求进行基底质量检测。

4.4　工艺性试验

施工前，应根据工程特点、填料及设计要求等，进行现场试验性施工。通过试验性施工，确定回填砂、砂石每层的虚铺厚度、夯压机械组合、夯（压）遍数及速度、施工顺序等，形成试验报告，经审批后指导后续大面积施工。

4.5　分层铺筑砂石

4.5.1　砂和砂石地基每层铺筑厚度、最佳含水量，应根据压实机具和方法通过现场试验确定。

4.5.2　回填砂、砂石料分段施工时，不得在地面受荷重较大的部位接缝，上下两层填料的接缝距离不得小于 500mm，接槎处应充分夯实，并作成直槎。

4.5.3　分段铺填的交接处应做成阶梯形，梯边留成内倾斜坡。当地基底面标高不同时，施工时应先将深坑分层夯填至与浅坑基底标高时，然后一起夯填。

4.5.4　铺筑的砂石应级配均匀，如发现砂窝或石子成堆现象，应将该处砂子或石子挖出，分别填入级配适宜的砂石。

4.5.5　各层铺摊后均应挂线找平，并按对应标高控制桩或用带有刻度的测杆，进行标高、厚度的检查。

4.6　洒水

铺筑级配砂石在夯实碾压前，应根据其干湿程度和气候条件，适当地洒水以保持砂石的最佳含水量。填料的含水率应控制在最佳含水率的 $\pm 2\%$。

4.7　夯实或碾压

4.7.1　级配砂石摊铺完洒水后，应及时进行碾压（夯实）。夯实或碾压遍数均应按试验性施工确定的参数进行。用蛙式打夯机时，应保持落距为 $400\sim500$mm，夯与夯搭接 1/3，一般不少于 4 遍。采用压路机往复碾压，一般碾压不少于 4 遍，其轮距搭接不小于 500mm，边缘和转角处应用手持式蛙式打夯机或小型压路机补夯（压）密实。

4.7.2　在回填、压实过程中不得损伤和碰撞建（构）筑物基础及各结构构件。

4.8　分层检测

砂、级配砂石回填压实检测采用灌砂法。取样深度应为每层压实后的全部深度。

4.9　修整找平

4.9.1　砂和砂石垫层应分层找平，在下层密实度经检验合格后，方可进行上层施工。

4.9.2　最后一层压（夯）实完成后，表面应拉线找平，符合设计规定的标高。一般采用水准仪、拉线和用靠尺检查标高及平整度。

5 质量标准

5.0.1 砂和砂石地基主控项目质量检验标准见表 2-1

砂和砂石地基主控项目质量检验标准 表 2-1

检查项目	允许或允许偏差	检查方法
地基承载力	不小于设计值	静载试验
配合比	设计值	检查拌和时的体积比或重量比
压实系数	不小于设计值	灌砂法、灌水法

注：检验批次及数量按设计或相关质量验收规范执行。

5.0.2 砂和砂石地基一般项目质量检验标准见表 2-2

砂和砂石地基一般项目质量检验标准 表 2-2

检查项目	允许或允许偏差	检查方法
砂石料有机质含量（%）	≤5	灼烧减量法
砂石料含泥量（%）	≤5	水洗法
砂石料粒径（mm）	≤50	筛析法
含水量（%）	±2	烘干法
分层厚度（mm）	±50	水准测量
顶面标高（mm）	±15	用水准仪或拉线和尺量检查
表面平整度（mm）	20	2m靠尺、钢卷尺

注：筏形与箱形基础检验点数量为每50~100m² 不应少于1个点；条形基础的地基检验点数量每10~20m 不应少于1个点；每个独立柱基不应少于1个点。

6 成品保护

6.0.1 施工时，应妥善保护好现场的定位桩、轴线桩、水准基点，防止碰撞位移，并应经常复测，发现问题及时处理。

6.0.2 砂及砂石地基完成后，应立即进行下道工序施工，不能连续施工时，应用草袋等覆盖保护。

6.0.3 施工中应保证边坡稳定，防止坍塌。完工后，不得在影响垫层稳定的部位进行挖掘工程。

6.0.4 对基础、防水层、保护层以及从基础墙伸出的各种管线，均应妥善保护，防止回填土时碰撞或损坏。

6.0.5 做好垫层周围排水设施，防止施工期间垫层被水浸泡。

7 注意事项

7.1 应注意的质量问题

7.1.1 施工前应处理好基底土层，用压路机或打夯机夯压，使其密实；当有地下水时，应将地下水位降低到基底 500mm 以下。

7.1.2 垫层铺设应严格控制材料含水量，每层铺筑厚度、碾压遍数、边缘和转角、接槎等处，应按规定搭接和夯实，以免造成砂石地基密实度不均匀。

7.1.3 人工级配砂砾石应拌和均匀，及时处理砂窝、石堆问题，保证级配良好。

7.1.4 分层检查砂石地基的质量，每层砂或砂石的干密度应符合设计规定，不符合要求的部位应处理合格后，方可进行上层铺设。

7.2 应注意的安全问题

7.2.1 施工前，应检查电线绝缘及电器设备接地是否良好，振捣、夯实中严禁损伤电线。

7.2.2 非机电设备操作人员，不得擅自动用机电设备。使用蛙式打夯机时，要两人操作，其中一人负责护线配合操作，操作人员应戴绝缘手套，以防触电。非工作人员不得进入施工现场。

7.2.3 填料压（夯）过程中，应随时注意边坡土的变化。应对称回填，防止坍塌。基坑（槽）边不得堆放重物或停放机械。

7.2.4 现场施工通道及边坡应设专人进行检测，发现异常情况即刻停止施工，并应进行妥善处理。

7.2.5 雨期施工时，基坑（槽）或管沟回填应连续进行，尽快完成。施工中应防止地面水流入坑（槽）内，以防边坡塌方或使基土遭到破坏。

7.3 应注意的绿色施工问题

7.3.1 砂、砂石挖运、填筑施工过程中应采取扬尘控制措施。

7.3.2 对施工产生的噪声进行检测和控制。

7.3.3 当夯击或碾压振动对邻近既有或正在施工中建筑物产生有害影响时，应采取有效预防措施。

8 质量记录

8.0.1 技术交底记录。

8.0.2 砂石试验报告。

8.0.3 地基钎探记录。

8.0.4 砂和砂石地基填筑施工记录。

8.0.5 地基隐蔽工程检查验收记录。

8.0.6 砂、砂石击实试验报告。

8.0.7 砂、砂石密实度检测报告。

8.0.8 砂、砂石含水量检测记录。

8.0.9 砂和砂石级配试验记录。

8.0.10 地基承载力试验报告。

8.0.11 砂、砂石地基工程检验批质量验收记录。

8.0.12 砂、砂石地基分项工程质量验收记录。

8.0.13 其他技术文件。

第3章 土工合成材料地基

本工艺标准适用于加固软弱地基及新旧填筑结合部位的地基处理。由分层铺设的土工合成材料与地基土构成加强筋复合地基，可提高地基强度及稳定性，减少沉降，可用于地基加强层、土坡和路堤的防冲刷层、防渗层、反滤层、隔离和加固等。

1 引用标准

《建筑工程施工质量验收统一标准》GB 50300—2013；
《建筑地基工程施工质量验收标准》GB 50202—2018；
《建筑地基处理技术规范》JGJ 79—2012。

2 术语

2.0.1 土工合成材料：又称土工聚合物，是土工用高分子聚合物合成纤维材料的总称。包括土工织物、土工膜、土工复合材料和土工特种材料。土工特种材料一般有土工格栅、土工格室、土工带、土工网、聚苯乙烯等。

2.0.2 土工织物：透水性较好的高分子聚合物土工布，其主要作用是反滤、排水、隔离和加固补强。

2.0.3 土工膜：由聚合物或沥青制成的一种相对不透水薄膜。

2.0.4 土工格栅：由高密度聚乙烯等聚合物经挤压加工再进行拉伸制成的格栅状、用于加筋的土工合成材料，其开孔可容周围土、石或其他土工材料穿入。

2.0.5 土工带：经挤压拉伸或加筋制成的条带抗拉材料。

2.0.6 土工格室：由土工格栅、土工织物或土工膜、条带等形成的蜂窝状或网格状三维结构材料。

2.0.7 土工复合材料：由两种或两种以上材料复合而成的土工合成材料。

3 施工准备

3.1 作业条件

3.1.1 岩土工程勘察报告、地基施工图纸应齐全。

3.1.2 详细阅读设计文件，准确理解设计采用土工合成材料在地基加固中的作用。

3.1.3 详细阅读地质勘察报告，了解原地基土层的工程特性、土质及地下水对拟使用的土工合成材料的腐蚀和施工影响。

3.1.4 对拟使用的回填土、石料做试验检验，确保符合设计要求。

3.1.5 根据设计要求和土工合成材料特性及现场施工条件编制施工组织设计和施工方案，并按程序要求审核通过。

3.1.6 对施工人员进行施工技术（安全）交底。

3.1.7 土工合成材料铺设基层应符合要求。建筑场地基层应平整，清除杂物、树根、草根，全部拆除搬迁地面上所有障碍物和地下管线、电缆、旧基础等。表面不平的可铺设一层砂垫层，整个场地做好有效的排水措施。

3.1.8 土工合成材料验收合格，进场发现土工织物受到损坏时，应及时修补。

3.1.9 施工前，应选择有代表性的区域进行工艺性试验，以确定材料的选用、施工的方法、机械的配置及组合、施工顺序等，指导大面积施工。

3.2 材料及机具

3.2.1 材料准备

1 根据设计要求及施工现场情况，制定土工合成材料的采购计划。

2 选择回填土、石料的来源地。

3 土工合成材料进场时，应检查产品标签、合格证、生产厂家、产品批号、生产日期、有效期限等。

4 根据施工方案将土工合成材料提前裁剪拼接成适合的幅片。

5 避免土工合成材料进场后受到阳光直接照晒。

6 施工前应取样对土工合成材料的物理性能（单位面积的质量、厚度、相对密度）、强度、延伸率以及土、砂石料等做检验。土工合成材料以 100m² 为一批，每批应抽查 5%；产品验收抽样以卷为单位时，每批应抽查 5%，并不少于一卷。

3.2.2 施工机具准备

1 机械配置：根据施工场地条件、设计要求等选择合适的施工机械。主要施工机具有压路机、自卸汽车、推土机、翻斗车、蛙式或柴油打夯机、土工合成材料拼接机具、铁锹等。目前碾压机械多采用平碾和振动碾。运输车数量则根据运距远近、工期要求配置。

2 测量仪器：经纬仪、水准仪、孔隙水压力计、钢弦压力盒、钢卷尺等。必要时配置全站仪，仪器应有合格证和鉴定证书。

4　操作工艺

4.1　施工工艺流程

土工合成材料及回填料验收、检验 → 基层处理 → 工艺性试验 →

土工合成材料铺设 → 土工合成材料连接 → 回填碾压

4.2　原材料验收及检验

土工合成材料进场后，应依据设计、规范要求及采购计划进行验收，并取样进行试验检验；对回填用材料取样进行试验检测，满足要求后，方可使用。

4.3　基层处理

4.3.1　基层应平整，局部高差不大于 50mm。清除树根、草根及硬物，避免损坏土工合成材料。

4.3.2　不宜直接铺放土工合成材料的基层，应先设置砂垫层。砂垫层厚度不宜小于 300mm，宜用中粗砂，含泥量不大于 5%。

4.3.3　整平后的基层应碾压，其质量应满足设计要求。

4.3.4　基层表面应有一定的排水坡度，以利排水。

4.4　工艺性试验

施工前，应根据工程特点及设计要求等，选择有代表性的区域，进行现场试验性施工。通过试验性施工，确定土工合成材料、回填材料的选用、铺设、连接方式、回填土每层的虚铺厚度、压实机械组合、压实遍数及速度、施工顺序等，形成试验报告，经审批后指导后续大面积施工。

4.5　土工合成材料铺设

4.5.1　首先应检查材料有无损伤破坏。

4.5.2　土工合成材料应按其主要受力方向从一端向另一端铺放。

4.5.3　铺放时应用人工拉紧，严禁有皱折，且紧贴下承层。应随铺随及时压固，以免被风掀起。端部应采用有效方法固定，防止筋材拉出。

4.5.4　铺放时，土工合成材料的两端应留有余量，余量每端不少于 1000mm，且应按设计要求加以固定。

4.5.5　在土工合成材料铺放时，不得有大面积的损伤破坏。有影响工程效果的材料破损，应从破损处剪断，重新连接。对小的裂缝或孔洞，应在其上缝补新材料，新材料面积不小于破坏面积的 4 倍，边长不小于 1000mm。

4.5.6　当加筋垫层采用多层土工合成材料时，上下层的接缝应相互错开，错开距离不小于 500mm。

4.5.7　铺设土工合成材料时，应注意均匀和平整；在斜坡上施工时应保持一定的松紧度；在护岸工程坡面上铺设时，上坡段土工合成材料应搭接在下坡段土工合成材料上。

4.5.8　土工合成材料用于反滤层作用时，要求保证连续性，不能出现扭曲、褶皱和重叠。

4.5.9　对土工合成材料的局部地方，不要加过大的局部应力。如果垫层材料采用块石，施工时应将块石轻轻铺放，不得在高处抛掷。

4.5.10　土工合成材料铺设完后，应避免阳光曝晒或裸露，及时回填料或做好上面的保护层。所有土工合成材料在运送、储存的过程中也应加以遮盖。阳光曝晒时间不应大于8h，避免长时间曝晒使土工合成材料劣化。

4.6　土工合成材料连接

4.6.1　相邻土工合成材料的连接，对土工格栅可采用密贴排放或重叠搭接，用聚合材料绳或棒或特种连接件连接；对土工织物及土工膜可采用搭接、缝接、胶合、钉合等方法连接。

4.6.2　加筋垫层采用多层土工材料时，上下层土工材料的接缝应交替错开，连接处强度不得低于设计要求的强度。

4.6.3　土工织物、土工膜的连接可采用搭接法、缝合法、胶合法及U形钉钉合法。在搭接处尽量避免受力，以防移动。

1　搭接法：搭接长度应视建筑荷载、铺设地形、基层特性和铺放条件而定。搭接宽度一般情况下宜为300～500mm。荷载大、地形倾斜、基层极软不小于500mm；水下铺放不小于1000mm。当土工织物、土工膜上铺有砂垫层时不宜采用搭接法。

2　缝合法：采用尼龙或涤纶线将土工织物双道缝合，两道缝间距10～25mm，缝合处强度一般达到土工织物强度的80％。缝合形式见图3-1。

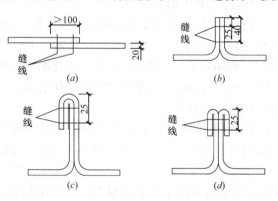

图3-1　缝合尺寸（尺寸单位 mm）

（a）平接；（b）对接；（c）字形接；（d）蝶形接

3　胶合法：采用胶粘剂将两块土工织物连接在一起，搭接宽度不宜小于 100mm。胶合后应放置 2h 以上，其接缝的强度与土工织物的原强度相同。

4　U 形钉钉合法：用 U 形钉插入连接，间距宜为 1.0m，U 形钉应能防锈，其强度低于缝合法和胶合法。

4.6.4　土工布与结构的连接质量是保证合成材料地基承载力和抗拉强度的关键，必须选定切实可行的连接方法保证连接牢固。

4.7　回填碾压

4.7.1　土工合成材料垫层地基，使用单层或多层土工合成加筋材料，其加筋垫层结构的回填料，材料种类、层间高度、碾压密实度等由设计及工艺性施工试验确定。

4.7.2　回填料前必须检查土工合成材料端头的位置，并做好材料端头的锚固，然后开始回填土。

4.7.3　当回填料为中砂、粗砂、砾砂或细粒碎石类时，在距土工合成材料 80mm 范围内，最大粒径应小于 60mm，当采用黏性土时，填料应能满足设计要求的压实度并不含有对土工合成材料有腐蚀作用的成分。第一层填料铺垫层厚度应小于 500mm 并应防止施工损坏纤维。

4.7.4　当使用块石作土工合成材料保护层时，块石抛放高度应小于 300mm，且土工合成材料上应铺放厚度不小于 50mm 的砂层。

4.7.5　黏性土含水量应控制在最佳含水量的±2％以内，密实度不小于最大密实度的 95％。

4.7.6　回填土应分层进行，每层填土的厚度执行现场工艺性试验确定的参数。一般为 100～300mm，但土工布上第一层填土厚度不应小于 150mm。

4.7.7　填土顺序应符合下列规定：

1　极软地基采用后卸式运土车，先从两侧卸土形成戗台，然后对称往两戗台间填土，施工平面呈"凹"形，凹口朝前进方向。

2　一般地基采用从中心向外侧对称进行，施工平面呈"凸"形，凸口朝前进方向。

4.7.8　回填土时应根据设计要求及地基沉降情况，控制回填速度。

4.7.9　土工合成材料上第一层填土，填土机械应沿垂直于土工合成材料的铺设方向进行。应用轻型机械（压力小于 55kPa 碾压，填土高度大于 600mm 后方可使用重型机械）。

4.7.10　基坑（槽）或管沟回填土应连续进行，尽快完成。施工中应防止地面水流入槽坑内，以免边坡塌方或基土遭到破坏。

4.7.11　在地基中埋设空隙水压力计，在土工合成材料垫层下埋设钢弦压力盒，在基础周围设沉降观测点，对各阶段的测试数据进行仔细整理。

5　质量标准

5.0.1　土工合成材料地基主控项目质量检验标准见表 3-1。

土工合成材料地基主控项目质量检验标准　　　　表 3-1

检查项目	允许偏差或允许值	检查方法
土工合成材料	设计要求	检查产品质量证明文件和试验报告
土工合成材料强度（%）	≥−5	拉伸试验（结果与设计值相比）
土工合成材料延伸率（%）	≥−3	做拉伸试验（结果与设计值相比）
地基承载力	不小于设计值	静载试验
压实系数	不小于设计值	用环刀法、灌砂法检测

注：检验批次及数量按设计或相关质量验收规范要求进行。

5.0.2　土工合成材料地基一般项目质量检验标准见表 3-2。

土工合成材料地基一般项目质量检验标准　　　　表 3-2

检查项目	允许偏差	检查方法
土工合成材料搭接长度（mm）	≥300	用钢尺量
土石料有机质含量（%）	≤5	灼烧减量法
层面平整度（mm）	±20	用 2m 靠尺
每层厚度（mm）	±25	水准测量

注：筏形与箱形基础检验点数量为每 50～100 m² 不应少于 1 个点；条形基础的地基检验点数量每 10～20m 不应少于 1 个点；每个独立柱基不应少于 1 个点。

6　成品保护

6.0.1　铺放土工合成材料，现场施工人员禁止穿硬底或带钉的鞋。

6.0.2　土工合成材料铺放后，宜在 48h 内覆盖，避免曝晒。

6.0.3　严禁机械直接在土工合成材料表面行走。

6.0.4　用黏土作回填时，应采取排水措施。雨雪天要加以覆盖。

7　注意事项

7.1　应注意的质量问题

7.1.1　铺设土工合成材料时，土层表面应平整，以防土工合成材料被刺穿、顶破，影响土工合成材料的作用。

7.1.2 土工合成材料铺设应从一端向另一端进行。端头应采用有效方法固定，铺设松紧应适度，防止绷拉过紧或扭曲、折皱，同时需保持连续性、完整性。土工合成材料铺设后应随即铺设上层砂石材料或土料，避免长时间曝晒和暴露，一般阳光暴晒时间不应大于 8h。

7.1.3 所用土工合成材料的品种、性能和填料土类，应根据工程特点和地基土条件，通过现场试验确定。垫层材料宜用黏性土、中砂、粗砂、砾砂碎石等内摩擦力高的材料，如工程要求垫层排水，垫层材料应具有良好的透水性。

7.1.4 土工合成材料铺设搭接长度，搭接法不少于 300～1000mm，胶合法不少于 100mm，确保主要受力方向的连接强度不低于所采用材料的抗拉强度。

7.1.5 雨天施工时，应采取防雨或排水措施。刚夯打完毕或尚未夯实的基土，如遭雨淋浸泡，则应将积水及松软基土除去，并重新补填新土夯实，受浸湿的土应在晾干后，再夯打密实。

7.1.6 冬期夯填基土的土料，不得含有冻土块，要做到随筛、随拌、随打、随盖，认真执行留、接槎和分层夯实的规定。在土壤松散时可允许洒盐水。气温在 -10℃ 以下时，不宜施工。若施工要有冬施方案。

7.1.7 施工过程中应检查清基、回填料铺设厚度及平整度、土工合成材料的铺设方向、接缝搭接长度或接缝状况、土工合成材料与结构的连接状况等。

7.2　应注意的安全问题

7.2.1 土工合成材料存放点和施工现场禁止烟火。

7.2.2 土工格栅冬季易变硬，应防止施工人员割、碰受伤。

7.2.3 机械设备操作人员应严格遵守安全操作技术规程。

7.2.4 机械设备发生故障后应及时检修，不得带故障运行，杜绝机械和车辆发生安全事故。

7.3　应注意的绿色施工问题

7.3.1 土在挖运、摊铺等过程中进行采取适当的扬尘防护措施。

7.3.2 土工合成材料的废料要及时回收集中处理，以免污染环境。

8　质量记录

8.0.1 技术交底记录。

8.0.2 土工合成材料产品出厂合格证、试验报告及进场抽样复验报告。

8.0.3 土工合成材料接头抽样试验报告。

8.0.4 土工合成材料地基填筑施工记录。

8.0.5 回填土密实度检验报告。

8.0.6　隐蔽工程检查验收记录。

8.0.7　土工合成材料铺设施工记录。

8.0.8　土工合成材料地基承载力检验报告。

8.0.9　土工合成材料地基工程检验批质量验收记录。

8.0.10　土工合成材料地基分项工程验收记录。

8.0.11　其他技术文件。

第4章 粉煤灰地基

本工艺标准适用于采用粉煤灰垫层处理地基的工程，以及大面积地坪垫层和浅层软弱地基以及局部不均匀地基换填处理等工程。

1 引用标准

《建筑工程施工质量验收统一标准》GB 50300—2013；
《建筑地基工程施工质量验收标准》GB 50202—2018；
《建筑地基基础工程施工规范》GB 51004—2015；
《建筑地基处理技术规范》JGJ 79—2012；
《粉煤灰混凝土应用技术规范》GB/T 50146—2014。

2 术语

2.0.1 粉煤灰：是火力发电厂炼粉锅炉排除的一种工业废渣，是一种人工火山灰质材料。主要成分是硅质、硅铝质材料，其中二氧化硅、氧化铝和氧化铁等的含量在85%左右，其他氧化钙、氧化镁和氧化硫的含量较低，主要由晶体矿物和玻璃体组成。

2.0.2 压实地基：利用平碾、振动碾、冲击碾或其他碾压设备将填土分层密实处理的地基。

2.0.3 压实填土地基：包括压实填土及其下部天然土层两部分，压实填土地基的变形也包括压实填土及其下部天然土层的变形。

3 施工准备

3.1 作业条件

3.1.1 粉煤灰地基施工前应编制详细的施工组织设计或施工方案，工程施工前必须进行现场试验，取得各项施工参数，以便验证是否满足设计要求。

3.1.2 基槽必须经过相关单位（建设单位、施工单位、监理单位、设计单位）检验验收合格并签字确认。

3.1.3 基槽内松土已清除，并清除填方范围内的草皮、树根、淤泥，积水抽除、淤泥翻松并晾干，局部松软土层或孔洞挖除并分层用粉煤灰夯填处理，平整压实地基，经监理工程师检查认可，实测填前标高后，方能进行粉煤灰填筑。

3.1.4 当有地下水时应采取排水或降低地下水位的措施，使水位低于垫层以下 500mm 左右。

3.1.5 做好测量放线工作，在基坑（槽）边坡上钉好标高、轴线控制桩。

3.1.6 粉煤灰含水量适宜，应控制在 ±2% 范围内，粉煤灰击实试验已完成。

3.1.7 主要作业人员已经过安全培训，并接受了施工作业指导书；机械操作人员持有效合格证上岗。

3.2 材料及机具

3.2.1 粉煤灰：选用Ⅲ级以上粉煤灰，颗粒粒径宜在 0.001～2.0mm，烧失量宜低于 12%，含三氧化硫 ≤3%。粉煤灰中严禁混入生活垃圾及其他有机杂质，并应符合建筑材料有关放射性安全标准的要求。粉煤灰进场，其含水量应控制在 ±2% 范围内。

3.2.2 机械设备：挖掘机、推土机、装载机、平地机、压路机、水车、翻斗汽车、机动翻斗车、打夯机。

3.2.3 主要工具：手推车、石夯、木夯、铁锹、铁耙、胶管。

4 操作工艺

4.1 工艺流程

| 基层处理 | → | 分层铺设、夯（压）实 | → | 分层检验 | → | 检查验收 |

4.2 基层处理

4.2.1 粉煤灰地基铺设前，应清除地基土上的草皮、垃圾，排除表面积水，平整后用压路机预压两遍，或用打夯机夯击 2～3 遍，使基土密实。

4.3 分层铺设、夯（压）实

4.3.1 分层铺设厚度，用机械夯实时为 200～300mm，夯完后厚度为 150～200mm；用压路机压实时，每层铺设厚度为 300～400mm，压实后为 250mm 左右，四周宜设置具有防冲刷功能的隔离措施。

4.3.2 粉煤灰铺设含水量应控制在最优含水量 ±2% 的范围内，底层粉煤灰宜选用较粗的灰，含水量宜稍低于最优含水量。如含水量过大时，需摊铺晾干后再碾压。

4.3.3 小面积基坑、基槽的垫层可用人工分层摊铺，用平板振动器或蛙式打夯机进行振（夯）实，每次振（夯）板应重叠 1/2～1/3 板，往复压实，由两侧或四侧向中间进行，夯实遍数不少于 3 遍。

4.3.4 大面积垫层应采用推土机摊铺，先选用推土机预压 2 遍，然后用压路机碾压，施工时压轮重叠 1/2～1/3 轮宽，往复碾压 4～6 遍。

4.3.5 粉煤灰宜当天即铺即压完成，施工最低气温不宜低于 0℃。

4.3.6 粉煤灰铺设如压实时含水量过小，呈现松散状态，则应洒水湿润再压实。

4.3.7 在夯（压）实时，如出现"橡皮土"现象，应暂停压实，可采取将地基开槽、翻松、晾晒或换灰等办法处理。

4.3.8 每层铺完检测合格后，应及时铺筑上层，并严禁车辆在其上行驶，铺筑完成应及时浇筑混凝土或上覆 300～500mm 土进行封层。

4.3.9 粉煤灰地基不得采用水沉法施工，在地下水位以下施工时，应采取降排水措施，不得在饱和或浸水状态下施工。基底为软土时，宜先铺填 200mm 左右厚的粗砂或高炉干渣。

4.4 分层检验

4.4.1 粉煤灰地基，施工过程中应检验铺筑厚度、碾压遍数、施工含水量、搭接区碾压程度、压实系数等。

4.4.2 可采用环刀法、贯入仪、静力触探、轻型动力触探或标准贯入试验等方法，其检测标准应符合设计要求。

4.4.3 施工结束后，应按设计要求的方法检验地基的承载力。

4.5 检查验收

4.5.1 每层夯（压）实后应分层验收，在验收合格后方可进入下层推铺施工。

4.5.2 对粉煤灰垫层的施工质量可选用环刀取样、静力触探、轻型动力触探或标准贯入试验等方法进行检验，检测要求和监测频次参照现行行业标准《建筑地基处理技术规范》JGJ 79 的要求。

5 质量标准

5.0.1 粉煤灰地基主控项目质量检验标准见表 4-1。

粉煤灰地基主控项目质量检验标准　　　　表 4-1

检查项目	允许偏差或允许值		检查方法
	单位	数值	
压实系数	不小于设计值		环刀法
地基承载力	不小于设计值		静载试验

5.0.2　粉煤灰地基一般项目质量检验标准见表 4-2。

粉煤灰地基一般项目质量检验标准　　　　表 4-2

检查项目	允许偏差或允许值		检查方法
	单位	数值	
粉煤灰粒径	mm	0.001～2.000	筛析法、密度计法
氧化铝及二氧化硅含量	%	≥70	试验室试验
烧失量	%	≤12	灼烧减量法
分层厚度	mm	±50	水准测量
含水量	最优含水量±4%		烘干法

5.0.3　采用环刀法检验施工质量时，取样点应位于每层厚度的 2/3 深度处。

5.0.4　筏形与箱形基础的地基检验点数量每 50～100m² 不应少于 1 个点。条形基础的地基检验点数量每 10～20m 不应少于 1 个点。每个独立基础不应少于 1 个点。

5.0.5　采用贯入仪或轻型动力触探检验施工质量时，每分层检验点的间距应小于 4m。

5.0.6　施工结束后，应按设计要求的方法检验地基的承载力。一般可采用平板载荷试验或十字板剪切试验。检验数量，每单位工程不少于 3 点，1000m² 以上的工程，每 100m² 至少应有 1 点，3000m² 以上的工程，每 300m² 至少应有 1 点。

6　成品保护

6.0.1　铺设垫层时，应注意保护好现场的轴线桩、水准基点桩、并应经常复测。

6.0.2　垫层铺设完毕，应即进行下道工序施工，严禁手推车及人在垫层上行走，必要时应在垫层上铺脚手板作通行道。

6.0.3　在铺筑上层时，应控制卸料汽车的行驶方向和速度，不得在下承层上调头、高速行驶、急刹车等，以免造成松散。

6.0.4　施工中应保证边坡稳定，防止塌方。完工后，不得直接在影响坡顶稳定的部位进行挖掘工程。

6.0.5　严禁车辆进入处于养护期间的区段。

7　注意事项

7.1　应注意的质量问题

7.1.1　根据所使用的机具随时掌握检查分层虚铺厚度，分段施工搭接部位的压实情况，随时检查压实遍数，按规定检测压实系数结果应符合设计要求。

7.1.2　注重和加强边缘和转角处夯打密实，不留死角。

7.1.3　避免在含水量过大的黏土、粉质黏土、淤泥质土、腐殖土等原状土上进行回填。填方区如有地表水时，应设排水沟排走；有地下水应降至基底500mm以下。

7.1.4　挖掉橡皮土，可采取将垫层开槽、翻松、晾晒或换灰等办法处理，确保施工质量。

7.1.5　摊铺后的粉煤灰必须及时碾压，做到当天摊铺，当天压实完毕，以防水分蒸发而影响压实效果。碾压时应使粉煤灰处于最佳含水量范围内。

7.1.6　施工过程中应检验铺筑厚度、碾压遍数、施工含水量控制、搭接区碾压程度、压实系数等。

7.1.7　铺筑上层时，应控制卸料汽车的行驶方向和速度。不得在下层灰面上调头、高速行驶、急刹车等，以免造成压实层松散。

7.2　**应注意的安全问题**

7.2.1　卸土的地方应设车挡杆防止翻车下坑，施工中应使边坡有一定坡度，保持稳定，不得直接在坡顶用汽车直接卸料，防止翻车事故发生。

7.2.2　压路机制动器必须保持良好，机械碾压运行中，碾轮边缘应大于500mm，以防发生溜坡倾倒。

7.2.3　停车时应将制动器制动住，并楔紧滚轮，禁止在坡道上停车。

7.2.4　夜间作业，机上及工作地点必须有充足的照明设施，在危险地段应设置明显的警示标志和护栏标识。

7.2.5　作业时应按规定穿戴绝缘鞋、绝缘手套及其他防护用品。检查施工用电缆、闸箱等，防止电缆老化、脱皮、闸箱漏雨，开关破损等安全隐患的存在，对有问题的电缆配电箱，开关等应及时进行更换和维护，防止触电事故发生。

7.3　**应注意的绿色施工问题**

7.3.1　拉运过程中对车辆进行覆盖，预防粉尘。

7.3.2　经常洒水湿润，每层验收后应及时铺筑上层，防止干燥后松散起尘污染环境，同时应禁止车辆碾压通行。

7.3.3　对做好的粉煤灰地基要养护好，限制车辆行驶。晴天洒水润湿，防止表层干燥松散；雨天及时排水，以免影响上层铺筑。

7.3.4　当长时间不能继续施工时，应进行表层覆土封闭处理并碾压密实，做好起拱横坡，以利表面排水。

8 质量记录

8.0.1 技术交底记录。

8.0.2 粉煤灰进场验收记录、试验报告。

8.0.3 粉煤灰铺设压实施工记录。

8.0.4 粉煤灰地基密实度检验报告。

8.0.5 隐蔽工程检查验收记录。

8.0.6 粉煤灰地基承载力检验报告。

8.0.7 粉煤灰地基工程检验批质量验收记录。

8.0.8 粉煤灰地基分项工程验收记录。

8.0.9 其他技术文件。

第5章　强夯地基

本工艺标准适用于湿陷性黄土、盐渍土、碎石土、砂土、低饱和度的粉土及黏性土、人工填土和杂填土等地基。

1　引用文件

《建筑工程施工质量验收统一标准》GB 50300—2013；
《建筑地基工程施工质量验收标准》GB 50202—2018；
《建筑地基基础工程施工规范》GB 51004—2015；
《建筑地基处理技术规范》JGJ 79—2012。

2　术语

2.0.1　强夯法
反复将夯锤提到高处使其自由落下，给地基以冲击和振动能量，将地基土夯实的地基处理方法。

2.0.2　强夯置换法
将重锤提到高处使其自由落下，在地面形成夯坑，反复交替夯击填入坑内的砂石、钢渣等粒料，使其形成密实墩体的地基处理方法。

3　施工准备

3.1　作业条件

3.1.1　施工场地范围内的地面、地下障碍物均已排除或处理。

3.1.2　施工现场已完成"三通一平"，场地承载力满足机械行走和稳定的要求。

3.1.3　距需要采取保护措施的建（构）筑物、地下管线较近时，已做好隔振或其他措施，并能确保结构安全。

3.1.4　试夯和测试工作已完成，并根据试夯结果确定强夯施工技术参数，编制施工方案。

3.1.5　强夯施工坐标控制桩、水准控制点测设完毕，经有关单位复核并签字认可。

3.2　材料及机具

3.2.1　强夯填料要求：在软弱地基上强夯时，可选用碎（卵）石、粗砂、工业废渣及粉煤灰等，一般以"级配好、含泥少、富棱角"者为佳。

3.2.2　强夯置换墩材料宜采用级配良好的块石、碎石、矿渣等质地坚硬、性能稳定的粗颗粒材料，粒径大于300mm的颗粒含量不宜大于全重的30%。

3.2.3　起重机：根据设计要求的强夯能级，选用带有自动脱钩装置、与夯锤质量和落距相匹配的履带式起重机或其他专用设备，高能级强夯时应采取防机架倾覆措施。

3.2.4　夯锤：铸钢夯锤，底面宜为圆形，锤底宜均匀设置4个孔径400mm左右的排气孔，强夯置换锤宜在周边设置排气槽。强夯锤锤底静接地压力宜为20～80kPa，强夯置换锤锤底静接地压力宜为100～300kPa。

3.2.5　自动脱钩装置：应具有足够的强度和耐久性，且施工灵活、易于操作。

3.2.6　推土机：是强夯必不可少的辅助机械，作场地整平之用。

3.2.7　辅助工具：尖镐、尖锹、水准尺、水准仪等。

4　操作工艺

4.1　工艺流程

平整场地、定位 → 试夯 → 夯实 → 推平 → 往复夯击 → 满夯 → 检查验收

4.2　平整场地、定位

4.2.1　强夯前应平整场地，周围作好排水沟，按夯点布置测量放线确定夯位。

4.2.2　地下水位较高时，应在表面铺0.5～2.0m厚中（粗）砂或砂砾石、碎石垫层，以防设备下陷和便于消散强夯产生的孔隙水压力，或采取降低地下水位后再强夯。

4.3　试夯

4.3.1　强夯施工前，应在施工现场选取有代表性的试验区，试夯区在不同工程地质单元不应少于1处，试夯区不应小于20m×20m。

4.3.2　夯击前，应将各夯点位置及夯位轮廓线标出。

4.4　夯实

4.4.1　夯前要进行场地平整并测量夯前地面高程，按照设计图进行夯点布置，在地面标出第一遍夯点位置，用钢卷尺通过调整脱钩装置对落距进行设置，并进行控制，保证达到设计要求的夯击能。

4.4.2 夯机就位后，须将夯锤对准夯点位置，做好夯击准备。

4.4.3 夯前需测量锤顶高程以便于计算每一击夯沉量。每一遍夯击后需测量锤顶高程并做好记录以便计算每一击夯沉量。

4.5 推平

第一遍所有夯点完成后，需将夯坑填平，并对场地进行平整，测出平整后的场地高程，计算本遍场地夯沉量，做好记录，为第二遍夯击做好准备。

4.6 往复夯击

4.6.1 根据设计方案要求，按所设计的施工参数和控制击数施工，完成一个夯点的夯击。测量并记录每一击夯沉量，通过统计分析，校核确定合适的施工参数和控制标准。

4.6.2 然后按照一个夯点的施工步骤，从边缘向中央的顺序完成第一遍所有夯点施工，后续夯点施工需根据前一夯点的校正参数施工。

4.7 满夯

4.7.1 按照第一遍夯击流程完成全部夯击遍数并做好记录。完成全部夯击遍数后，将场地推平，应按夯印搭接1/5锤径～1/3锤径的夯击原则，用低能量满夯将场地表层松土夯实并碾压，测量强夯后场地高程。

4.7.2 强夯应分区进行，宜先边区后中部，或由临近建（构）筑物一侧向远离一侧方向进行。

4.7.3 强夯置换施工时，夯点施打宜由内而外、隔行跳打。每遍夯击后测量场地高程，计算本遍场地抬升量，抬升量超设计标高部分宜及时推除。

4.8 检查验收

4.8.1 强夯结束，待空隙水压力消散并间隔一定时间后进行承载力检验，检测点一般不少于3个。

4.8.2 对强夯置换应检查置换墩底部深度。

5 质量标准

5.0.1 强夯地基主控项目质量检验标准见表5-1。

强夯地基主控项目质量检验标准 表5-1

检查项目	允许偏差或允许值		检查方法
	单位	数值	
地基承载力	不小于设计值		静载试验
处理后地基土的强度	不小于设计值		原位测试
变形指标	设计值		原位测试

5.0.2 强夯地基一般项目质量检验标准见表 5-2。

强夯地基一般项目质量检验标准

表 5-2

夯锤落距	mm	±300	钢索标志
锤重	kg	±100	称重
夯击遍数	不小于设计值		计数法
夯击顺序	设计要求		检查施工记录
夯击击数	不小于设计值		计数法
夯点位置	mm	±500	用钢尺量
夯击范围（超出基础范围距离）	设计要求		用钢尺量
前后两遍间歇时间	设计值		检查施工记录
最后两击平均夯沉量	设计值		水准测量
场地平整度	mm	±100	水准测量

5.0.3 强夯施工结束后质量检测的间隔时间：砂土地基不宜少于 7d，粉性土地基不宜少于 14d，黏性土地基不宜少于 28d，强夯置换地基不宜少于 28d。

6 成品保护

6.0.1 强夯前查明强夯影响范围内的地下构筑物和各种地下管线的位置及标高，并采取必要的防护措施，以免因强夯施工而造成损坏。

6.0.2 强夯施工与竣工后的场地、地基，应设置良好的排水系统，严防场地、地基被雨水浸泡。

6.0.3 强夯处理后的场地与地基应及时检测，及时办理交工验收。

6.0.4 强夯处理后的场地与地基应及时投入使用，不应久置。

6.0.5 如不能及时使用的场地与地基，应采取覆盖、硬化等保护措施。

6.0.6 冬期地基强夯完成后，要及时进行覆土防冻保温覆盖。

7 注意事项

7.1 应注意的质量问题

7.1.1 开夯前应检查夯锤重量和落距，以确保单击夯击能量符合设计要求。

7.1.2 在每遍夯击前，对夯点放线进行复核，夯完后检查夯坑位置，发现偏差或漏夯应及时纠正。

7.1.3 两遍夯击之间的间歇时间，取决于土中孔隙水压力的消散时间。当缺少实测资料时，可根据地基土的渗透性确定，对于渗透性较差的饱和黏性土地基的间歇时间，不宜少于 1 周～2 周；对渗透性好的地基可连续夯击。

7.1.4　按设计要求检查每个夯点的夯击次数和夯坑深度。施工过程中，应对单点击数、夯击能级、最后两击夯沉量、锤重、落距等参数和施工中发生的异常情况进行详细记录。

7.1.5　当盐渍土、湿陷黄土地基处理采用预浸泡和预增湿措施时，夯后检测的湿陷性指标应与夯前勘察计算的场地湿陷量及场地总夯沉量相结合进行评价。

7.1.6　夯击时，落锤应保持平稳，夯位应准确。如坑底倾斜过大，应及时用原土或填料将坑底垫平；如夯锤气孔被堵塞，应立即开通气孔，方可进行下一次夯击。

7.2　应注意的安全问题

7.2.1　非机组人员不得擅自动用施工机械设备，非施工人员不得进入施工现场。

7.2.2　强夯时现场人员必须佩戴安全帽；高空作业时，必须带安全带、穿防滑鞋；吊车驾驶室前应安装防护网，防止强夯时的飞溅物伤人。

7.2.3　施工前应先进行试车、检查行走、转向是否平稳、吊钩起落是否灵活、制动是否有效等；施工过程中应随时注意检查机具的工作状态，经常维修和保养，发现不安全之处应立即处理。

7.2.4　在任何情况下，严禁吊锤、起重臂下站人。

7.2.5　夯机就位、门架应支垫平稳，起锤时应将夯锤吊离地面 300mm，观察其稳定后方可起钩。

7.2.6　六级以上大风、雨、雪天以及视线不好时，不得进行强夯施工。

7.2.7　当遇封闭式抛石填海地基，下卧有巨厚淤泥而表层相对填料较薄时，必须仔细核对作业区填料层的地质资料，划分出作业慎重区和作业危险区，并明确交底，在施工中接近该区时应注意观察单点夯沉量的变化，夯坑四周裂缝发生、发展时间，地表颤动变化等。若发生"偏锤"现象应立即停止夯击，待查明地质条件后再行施工。

7.3　应注意的绿色施工问题

7.3.1　当强夯施工所引起的振动和侧向挤压对邻近建筑物产生不利影响时，应设置监测点，并采取挖隔振沟等隔振或防振措施。

7.3.2　在靠近被防护对象的地带，可采取降低强夯能级或分层强夯的措施，还可采取改变施工参数，用小面积夯锤、小夯击能的施工方法。

7.3.3　采取措施，以防止噪声扰民、废气污染。

8　质量记录

8.0.1　测量放线及复核记录。

8.0.2　标高测设成果表。

8.0.3　试夯记录。

8.0.4　强夯施工记录。

8.0.5　地基总下沉量检查记录。

8.0.6　地基承载力试验记录。

8.0.7　强夯地基工程检验批质量验收记录。

8.0.8　强夯地基分项工程质量检查记录。

8.0.9　其他技术文件。

第6章 注浆加固地基

本工艺标准适用于建筑地基的局部加固处理，适用于砂土、粉土、黏性土和人工填土等地基加固。加固材料可选用水泥浆液、硅化浆液和碱液等固化剂。

1 引用文件

《建筑工程施工质量验收统一标准》GB 50300—2013；

《建筑地基工程施工质量验收标准》GB 50202—2018；

《建筑地基基础设计规范》GB 50007—2011；

《建筑地基处理技术规范》JGJ 79—2012；

《既有建筑地基基础加固技术规范》JGJ 123—2012；

《通用硅酸盐水泥》GB 175—2007；

《中热硅酸盐水泥 低热硅酸盐水泥》GB/T 200—2017。

2 术语

2.0.1 注浆加固：将水泥浆或其他化学浆液注入地基土层中，增强土颗粒间的联结，使土体强度提高、变形减小，渗透性降低的地基处理方法。

2.0.2 注浆法：利用液压、气压或电化学原理，把能固化的浆液注入岩土体空隙中，将松散的土粒或裂隙胶结成一个整体的处理方法。

3 施工准备

3.1 作业条件

3.1.1 应熟悉设计图纸和地质勘察报告，会审图纸，根据施工具体情况，编制施工组织设计或施工方案，并做好技术和安全交底。

3.1.2 施工前对现场导线点、水准点和各种控制点进行复核，在不受施工影响处，设置钻孔轴线的定位控制点及施工所用水准点，并加固保护。

3.1.3 施工前对工程所采用的各种原材料进行取样，检验。在原材料合格的前提下，委托有检测能力的单位对各种配比的性能进行检测，以确定配合比。

3.1.4 注浆施工前，应进行室内浆液配比试验和现场注浆试验。

3.1.5 施工场地应预先平整，并沿钻孔位开挖沟槽和集水坑。

3.1.6　施工前场地完成三通一平，照明、安全等设施准备就绪，如在雨季施工，应采取有效的排水措施。

3.1.7　机械设备的操作人员，需经过培训并取得合格证，且在合格证许可的作业范围内进行作业。

3.1.8　冬期施工时，在日平均气温低于5℃或最低温度低于−3℃的条件下注浆时，应采取防浆液体冻结措施。夏季施工时，用水温度不得高于35℃且对浆液及注浆管路应采取防晒措施。

3.2　材料和机具

3.2.1　水泥：水泥品种应按设计要求选用，宜采用42.5级普通硅酸盐水泥。严禁使用过期，受潮结块的水泥。

3.2.2　外加剂：根据需要和土质条件，可在水泥浆液加入粉煤灰、早强剂、速凝剂、水玻璃等外加剂。应根据施工需要通过试验确定。

3.2.3　水：饮用水或应符合《混凝土拌合用水标准》的其他水源水。

3.2.4　水泥注浆机具：钻孔机、压浆泵、泥浆泵或砂浆泵。常用的有BW-250/50型、TBW-200/40型、TBW-250/40型、NSB-100/30型泥浆泵或100/15（C-232）型砂浆泵等，配套机具有搅拌机、灌浆管、阀门、压力表等。

3.2.5　硅化注浆机具：振动打拔管机（振动钻或三脚架穿心锤）、注浆花管、压力胶管、$\phi42mm$连接钢管、齿轮泵或手摇泵、压力表、磅秤、浆液搅拌机、贮液罐、三脚架、倒链等。

3.2.6　经纬仪、水准仪等测量仪器。

4　操作工艺

4.1　工艺流程

4.1.1　水泥注浆地基工艺流程

钻孔 → 下注浆管、套管 → 填砂 → 拔套管 → 封孔 → 边注浆边拔注浆管 → 填孔

4.1.2　硅化注浆地基工艺流程

（1）单液注浆

机具设备安装 → 定位打管（钻）→ 封孔 → 配制浆液、注浆 → 拔管 →
管冲洗、填孔

（2）双液注浆

机具设备安装 → 定位打管（钻）→ 封孔 → 配甲液、注浆 → 冲管 →
配乙液、注浆 → 拔管 → 管冲洗、填孔

（3）加气硅化

机具设备安装→定位打管（钻）→封孔→加气→配浆、注浆→加气→

拔管→管子冲洗、填孔

4.2 水泥注浆地基

4.2.1 钻孔：先在加固地基中按规定位置用钻机或手钻钻孔到要求的深度，孔径一般为70～110mm，孔位偏差不应大于50mm，钻孔垂直度偏差应小于1/100。注浆孔的钻杆角度与设计角度之间的倾角偏差不应大于2°。

4.2.2 下注浆管、套管：钻孔后探测地质情况，然后在孔内插入直径38～50mm的注浆射管。管底底部1.0～1.5m管壁上钻有注浆孔，在射管之外设置套管。

4.2.3 填砂：在射管与套管之间用砂填塞。

4.2.4 封孔：地基表面空隙用1∶3水泥砂浆或黏土、麻丝填塞，而后拔出套管。

4.2.5 边注浆边拔注浆管：注浆水灰比宜取0.5～0.6。浆液应搅拌均匀，注浆过程中应连续搅拌，搅拌时间应小于浆液初凝时间。浆液在压注前应经筛网过滤。用压浆泵将水泥浆压入射管而透入土层孔隙中，水泥浆应一次压入，不得中断。灌浆先从稀浆开始，逐渐加浓。灌浆次序一般把射管一次沉入整个深度后，自下而上分段连续进行，分段拔管直至孔口为止。灌浆孔宜分组间隔灌浆，第1组孔灌浆结束后，再灌第2组、第3组。

4.2.6 封孔：灌浆完成后，拔出灌浆管，留下的孔用1∶2水泥砂浆或细砂砾石填塞密实；亦可用原浆压浆堵孔。

4.3 硅化注浆地基

4.3.1 机具设备安装：先将钻机或三脚架安放于预定孔位，调好高度和角度；然后将注浆泵及管路（包括出浆管、吸浆管、回浆管）连接好；再安装压力表，并检查是否完好，最后进行试运转。

4.3.2 定位打管（钻）：根据注浆深度及每根管的长度进行配管，再根据钻孔或三脚架的高度，将配好的管借打入法或钻孔法逐节沉入土中，保持垂直和距离正确，管子四周孔隙用土填塞密实。

4.3.3 封孔：硅化加固的土层以上应保留1m厚的不加固土层，以防溶液上冒，必要时须填素土或灰土。加气硅化在注浆周围挖一高150mm、直径150～250mm倒锥圆台形封孔桩，用水泥加水玻璃液快速搅拌填满封孔坑，硬化后即可加气注浆。

4.3.4 加气（加气硅化法）：加气计量用二氧化碳流量计称量；放气时将二氧化碳容器放到磅秤上，接通减压阀后，按要求的数量放气。第一次排气压力P_1不控制，第二次排气压力$P_2=0.1～0.2$MPa。第一次二氧化碳排气时间t_1不控制，第二次排气时间 t_2，当加固饱和度＜0.6时，t_2＞18min，当加固土饱和度 C＞0.6时（包括地下水位以下），t_2＞45min。

4.3.5 配制浆液、注浆：先用波美计量测原液密度和波美度，并做好记录；然后根据设计配制，使其达到要求的密度。砂土、湿陷性黄土及一般黏性土的硅化加固，可参考表6-1数据配制溶液，配制好的溶液应保持干净，不得含有杂质。注浆量可通过试验确定，灌浆溶液的总用量 Q（L）可按下式确定：

$$Q = K \cdot V \cdot n \cdot 1000 \tag{6-1}$$

式中 　V——硅化土的体积（m^3）；

　　　n——土的孔隙率；

　　　K——经验系数：对淤泥、黏性土、细砂，$K=0.3\sim0.5$，中砂、粗砂，
　　　　　　$K=0.5\sim0.7$；砾砂，$K=0.7\sim1.0$，湿陷性黄土，$K=0.5\sim0.8$。

采用双液硅化时，两种溶液用量应相等。注浆时，先开动注浆泵，关闭注浆阀，全开回浆阀，自循环1～2min后，连接好进浆管与打入土中的注浆管接头，慢慢开启进浆阀，同时慢慢关闭回浆，调整压力（一般为0.2～1.0MPa）和流量至设计数值。一般达到设计注浆量即停止注浆。当注浆压力大于设计压力2～3倍时仍然灌不进去，即可终止注浆。

如果相邻土质不同，应先加固渗透系数较大的土层。在自重湿陷性黄土地区及地基高应力区注浆时，应采用跳浆法注浆，相邻孔注浆间隔时间 $t\geqslant12$h。

在地下水位以下采用压力双液硅化：当地下水流速小于1m/d时，先自上而下注浆，然后自下而上注入氯化钙溶液；当地下水流速为1～3m/d时，水玻璃与氯化钙可交替注浆；当地下水流速大于3m/d时，可先将水玻璃与氯化钙同时注浆，然后再交替注浆。

各种硅化法的适用范围及化学溶液的浓度　　　　　表6-1

项次	土的类别	加固方法	土的渗透系数（m/d）	溶液的密度（$t=18$℃）（kg/L）	
				水玻璃（模数2.5～3.3）	氧化钙
1	砂类土和黏性土	压力双液硅化法	0.1～10 10～20 20～80	1.35～1.38 1.38～1.41 1.41～1.44	1.26～1.28
2	湿陷性黄土	压力单液硅化法	0.1～2.0	1.13～1.25	—
3	砂土、湿陷性黄土、一般性黏性土	加气硅化	0.1～2.0	1.09～1.21	—

4.3.6 冲管：当采用双液注浆法注浆时，在甲液注浆完成后需对注浆管冲洗干净再注乙液。

4.3.7 拔管：土体硅化完毕，借桩架或三脚架用倒链分级将管子拔出。

4.3.8 管冲洗、填孔：拔出的管子用压力水清洗干净，再用。拔管遗留孔洞用1：5水泥砂浆封孔。

4.3.9 检查验收：注浆加固处理后地基的承载力应进行静载荷试验检验。每个单体建筑的检验数量不应少于3点。

5 质量标准

5.0.1 注浆加固地基主控项目质量检验标准见表6-2。

注浆加固地基主控项目质量检验标准 表6-2

检查项目	允许偏差或允许值		检查方法
	单位	数值	
地基承载力	小于设计值		静载试验
处理后地基土强度	小于设计值		原位测试
变形指标	设计值		原位测试

5.0.2 注浆加固地基一般项目质量检验标准见表6-3。

注浆加固地基一般项目质量检验标准 表6-3

检查项目			允许值或允许偏差		检查方法
			单位	数值	
原材料	注浆用砂	粒径	mm	<2.5	筛析法
		细度模数	<2.0		筛析法
		含泥量	%	<3	水洗法
		有机质含量	%	<3	灼烧减量法
	注浆用黏土	塑性指数	>14		界限含水率试验
		黏粒含量	%	>25	密度计法
		含砂率	%	<5	洗砂瓶
		有机物含量	%	<3	灼烧减量法
	粉煤灰	细度模数	不粗于同时使用的水泥		筛析法
		烧失量	%	<3	灼烧减量法
	水玻璃：模数		3.0~3.3		试验室试验
	其他化学浆液		设计值		查产品合格证书或抽样送检
注浆材料称量			%	±3	称重
注浆孔位			mm	±50	用钢尺量
注浆孔深			mm	±100	量测注浆管长度
注浆压力			%	±10	检查压力表读数

注：相同类别、工艺和施工部位每300根桩位一个检验批。

6　成品保护

6.0.1　注浆地基施工完成后，未到养护龄期时不得投入使用。

6.0.2　水泥注浆在注浆后 15d（砂土、黄土）或 60d（黏性土）、硅化注浆 7d 内不得在已注浆的地基上行车或施工，防止扰动已加固的地基。

6.0.3　注浆地基施工完成后，严禁重型机械碾压。

6.0.4　保护好现场定位桩和水准桩，以便校核位置和标高。

6.0.5　对已有建（构）筑物基础或设备基础进行加固后，应进行沉降观测，直到沉降稳定，观测时间不应少于半年。

7　注意事项

7.1　应注意的质量问题

7.1.1　注浆前，进行注浆泵和输送管路系统的耐压试验。试验压力必须达到最大注浆压力的 1.5 倍，试验时间不得小于 15min，无异常情况后，方可使用。

7.1.2　注浆过程中，注浆压力突然上升时，必须停止注浆泵运转，卸压后方可处理。

7.1.3　浆液沿裂隙或层面往上窜流，主要是由于灌浆段位置较浅，灌浆压力过大等因素造成的。发生冒浆采取降低灌浆压力，加入速凝剂，限制进浆量。

7.1.4　灌浆孔中的浆液从其他孔中流失。主要是由于土层横向裂隙发育，贯通灌浆钻孔。采取适当延长相邻孔间施工间隔，串浆若为待灌孔，可同时并联灌浆。

7.1.5　由于地质条件差，或浆液浓度太低，造成漏浆，采取粒状浆液与化学浆液相结合灌注。

7.1.6　沉管深度、注浆量、注浆压力、范围、浆液配合比应根据图纸和设计要求派专人负责控制，并如实、准确地做好记录。

7.2　应注意的安全问题

7.2.1　钻机、注浆泵及高压管路必须试运转，确认机械性能和各种阀门管路，压力表、流量计完好后，方准施工。

7.2.2　每次注浆前，要认真检查安全阀、压力表的灵敏度，并调整到规定注浆压力位置。

7.2.3　安装高压管路和泵头各部件时，各丝扣的联接必须拧紧，确保连接完好。

7.2.4　注浆过程中，禁止现场人员在注浆孔附近停留，防止阀门破裂伤人。

7.2.5 注浆时不得随意停水停电，配备发电机作为备用电源，必要时必须事先通知，待注浆完成并冲洗后方可停水停电。

7.2.6 注浆现场操作人员必须佩戴安全帽、口罩和手套等劳保用品，方可进行注浆施工。

7.3 应注意的绿色施工问题

7.3.1 严格执行国家和工程所在地政府及行业有关的环境保护法律法规，加强对工程材料、设备、废水、生产生活垃圾弃渣的控制和治理。遵循有关防火和废弃物处理的规章制度。

7.3.2 施工过程中采取围护沉淀处理措施，施工现场的废水经沉淀后，排到指定的集水坑。

7.3.3 对施工现场和运输道路经常洒水湿润，减少扬尘；在有粉尘的环境中作业，除洒水外，作业人员配备必要的劳保防护用品。

8 质量记录

8.0.1 测量放线记录。

8.0.2 材料的合格证、性能检测报告，进场验收记录和复验报告。

8.0.3 隐蔽工程记录。

8.0.4 钻孔施工记录。

8.0.5 压浆施工记录。

8.0.6 施工质量检验评定记录。

8.0.7 检验批和分项工程检验记录。

8.0.8 其他技术文件。

第7章 预 压 地 基

本工艺标准适用于工业与民用建筑中采用处理淤泥质土、淤泥、冲填土等饱和黏性土地基加固处理工程。按加载方法的不同，分为堆载预压、真空预压、降水预压三种不同方法的预压地基。

1 引用标准

《建筑工程施工质量验收统一标准》GB 50300—2013；

《建筑地基工程施工质量验收标准》GB 50202—2018；

《建筑地基基础设计规范》GB 50007—2011；

《建筑地基基础工程施工规范》GB 51004—2015；

《岩土工程勘察规范》GB 50021—2001，2009 年局部修订；

《土工试验方法标准》GB/T 50123—2008；

《建筑地基处理技术规范》JGJ 79—2012；

《真空预压法加固软土地基施工技术规程》HG/T 20578—2013。

2 术语

2.0.1 预压地基：在原状土上加载，使土中水排出，以实现土的预先固结，减少建筑物地基后期沉降和提高地基承载力。

2.0.2 预压法：对地基进行堆载或真空预压，加速地基土固结的地基处理方法。

2.0.3 堆载预压：地基上堆加荷载使地基土固结密实的地基处理方法。

2.0.4 真空预压：通过对覆盖于竖井地基表面的封闭薄膜内抽真空排水使地基土密实的地基处理方法。

2.0.5 降水预压：是指降低地下水位，使土中孔隙水压力降低，而不会使土体发生破坏；增大土体有效应力而使土体得到加固的一种地基处理方法。

3 施工准备

3.1 作业条件

3.1.1 预压地基施工前应编制详细的施工方案，工程施工前必须进行现场试验，取得各项参数，以便验证是否满足设计要求。

3.1.2 施工前应对区域内的地上（下）障碍物进行清除。

3.1.3 场地平整，对设备运行的松软场地进行了垫层铺设，并能确保安全施工。

3.1.4 砂井轴线控制桩及水准基点已经测设，井孔位置已经放线并做好定位桩。

3.1.5 机具设备已运到现场维修、保养、就位、试运转。

3.1.6 开工前必须水通、路通、电通、技术准备、材料准备以及主要机具准备齐全，已运到现场。

3.1.7 机械操作人员必须经过专业培训，并取得相应资格证书。主要作业人员已接收了施工技术交底（作业指导书）。

3.2 材料与机具

3.2.1 根据设计要求和施工需要，本着就地取材，安全适用，经济合理的原则备足堆载所用材料。

3.2.2 砂：砂井宜用中、粗砂，垫层要用中细砂或砾砂，含泥量不大于3%，一般不宜用细砂。真空用排水管、滤水管、聚氯乙烯薄膜等。

3.2.3 塑料排水板（带），滤水好、排水畅通、排水效果有保证。强度和延展性要满足要求。

3.2.4 宜采用施工场地附近的土、砂、石子、砖、石块等散料为主。

3.2.5 机械设备：振动沉桩机、锤击沉桩机、静压沉桩机、1t机动翻斗车、自卸汽车与推土机；真空用插板机。

3.2.6 主要工具：混凝土桩靴、带活瓣式桩靴的桩管和吊斗等；真空用射流式真空泵是有射流器、离心式清水泵、循环水箱等组成，空抽时必须达到95kPa以上真空吸力。

4 操作工艺

4.1 工艺流程

4.1.1 堆载预压工艺流程

砂井成孔 → 灌砂 → 振密 → 铺排水砂垫层 → 预压载荷 → 加载 → 预压 → 卸荷

4.1.2 真空预压工艺流程

测量放线 → 排水体设计 → 排水砂垫层施工 → 施工密封沟 → 铺设密封膜 →
真空泵安装管路连接 → 抽真空 → 观测、效果检查

4.2 堆载预压

4.2.1 砂井成孔：先用打桩机将井管沉入地基中预定深度后，吊起桩锤，

在井管内灌入砂料，然后再利用桩架上的卷扬机吊振动锤，边振动边将桩管向上拔出；或用桩锤，边锤击边拔管，每拔升 300～500mm，再复打桩管，以捣实挤密形成砂柱，如此往复，使拔管与冲击交替重复进行，直至砂充填井孔内，井管拔出。拔管的速度控制在 1～1.5m/min，使砂子借助重力留于井孔中形成密实的砂井；亦可二次打入井管灌砂，形成扩大砂井。

4.2.2 灌砂：当桩管内进泥水，可先在井管内装入 2～3 斗砂将活门压住，堵塞缝隙。灌砂的含水量应加控制，对饱和水的土层，砂可采用饱和状态，对非饱和土和杂填土，或能形成直立孔的土层，含水量可采用 7%～9%。

4.2.3 振密：采用锤击法沉桩管，管内砂子亦可用吊锤击实，或用空气压缩机向管内通气（气压为 0.4～0.5MPa）压实。打砂井顺序应从外围或两侧向中间进行，砂井间距较大的可逐排进行。打砂井后基坑表层会产生松动隆起，应进行压实。

4.2.4 铺设排水砂垫层：在砂井顶面分层铺设、夯实。

4.2.5 预压载荷：大面积可采用自卸汽车与推土机联合作业。对超软土的地基的堆载预压，第一级荷载宜用轻型机械或人工作业。预压荷载一般取等于或大于设计荷载。有时加速压缩过程和减少建（构）筑物的沉降，可采用比建（构）筑物重量大 10%～20% 的超载进行预压。

4.2.6 加载、预压：应分期分级进行，加强观测。对地基垂直沉降、水平位移和孔隙水压力等应逐日观测并做好记录，一般加载控制指标是：地基最大下沉量不宜超过 10mm/d；水平位移不宜大于 4mm/d；孔隙水压力不超过预压荷载所产生应力的 50%～60%。通常情况下，加载在 60kPa 以前，加荷速度可不受限制。

4.2.7 卸荷：预压时间应根据建筑物的要求以及固结情况确定，一般达到如下条件即可卸荷：①地面总沉降量达到预压荷载下计算最终沉降量的 80% 以上；②理论计算的地基总固结度达 80% 以上；③地基沉降速度已降到 0.5～1.0m/d。

4.3 真空预压

4.3.1 测量放线：按照图纸设计的平面布置，用经纬仪和水准仪进行单元块测量放样，用木桩（每 20m 1 根）或小竹杆（内插）和白石灰放出各加固单元边线的准确位置，并用红漆在木桩或小竹竿上，并标出砂垫层顶面的标高；木桩与小竹竿之间也可用红尼龙绳连接。

4.3.2 排水体设计，真空预压法竖向排水系统设置同堆载预压法。应先平整场地，设置排水通道，在软基表面铺设砂垫层或在土层中再加设砂井，再设置抽真空装置及膜内外通道。主支滤排水管分为主（干）管和支滤管。主管为 4 寸镀锌铁管，支滤管为 2 寸镀锌铁管，外包土工布滤水网。主管和支滤管间采用变径三通、四通连接，同管径的对接采用丝扣连接。全部吸水管均须埋入砂层中，并通过出膜器及吸水管与真空泵连接。在挖密封沟的同时，可进行主（干）管和支滤管的加工、连接和安装埋设。进行此道工序的同时，应将露出砂垫层表面的塑料排水板头埋入砂垫层中。

4.3.3 排水砂垫层，应水平分层，滤管的埋设，一般宜采用条形或鱼刺形，铺设距离要适当，使其分布均匀，管上部应分覆盖 100～200mm 后砂层，采用含泥量少于 5% 中粗砂，一次铺设，摊铺方式采用人工分块摊铺平整。

4.3.4 施工密封沟，为保证真空预压加固效果，两个相邻单元块之间，须开挖真空预压密封膜沟，单元块内要预留 2m 间隔不铺设砂垫层。密封沟布置在各单元块的四周，在真空预压施工中它主要起周边密封的作用。根据密封沟的位置，可分为加固块外侧的密封沟和两单元块之间的密封沟，它们分别具有不同的断面。密封沟施工采用液压反铲挖掘机结合人工开挖，在铺设密封膜后，密封沟还要用淤泥或黏土回填。

4.3.5 铺设密封薄膜，砂垫层上密封薄膜采用 2 层～3 层聚氯乙烯薄膜，并按先后顺序同时铺设，并且加固四周，在离基坑线外缘 2m 开挖深 0.8～0.9m 沟槽，将薄膜的周边放入沟槽内，用黏土或粉质黏土回填压实，要求气密性好，密封不透气，或采用板桩覆水封闭，以膜上全面覆水较好。

4.3.6 真空泵安装管路连接，真空主管道通过出膜器及吸水胶管与真空泵连接。出膜器的连接必须牢固，密封性可靠安全。

4.3.7 抽真空，做好真空度、地面沉降量、沉层沉降、水平位移、孔隙水压力和地下水的现场观测和试验工作，掌握变化情况，作为检验和评价预压效果的依据。开始抽真空以后，加固单元块内膜下真空度会持续上升。当其膜下真空度达到并稳定在 80kPa 以上时，即进入真空预压工程的正常预压阶段。

4.3.8 观测、效果检查，应清除砂槽和腐殖土层，避免在土基内形成水平暗道。真空预压卸荷验收：当真空预压加固单元块在膜下真空度达 80kPa 的条件下连续抽真空三个月，或地基固结度 $U_t \geqslant 80\%$ 时，即可以停机卸荷，交工验收。

5 质量标准

5.0.1 预压地基主控项目质量检验标准见表 7-1。

预压地基主控项目质量检验标准 表 7-1

检查项目	允许值或允许偏差		检查方法
	单位	数值	
地基承载力	不小于设计值		静载试验
处理后地基土强度	不小于设计值		原位测试
变形指标	设计值		原位测试

5.0.2 预压地基一般项目质量检验标准见表 7-2。

预压地基一般项目质量检验标准　　　　表 7-2

检查项目	允许值或允许偏差		检查方法
	单位	数值	
预压荷载（真空度）	％	≥-2	高度测量（压力表）
固结度	％	≥-2	原位测试（与设计要求比）
沉降速率	％	±10	水准测量（与控制值比）
水平位移	％	±10	用测斜仪、全站仪测量
竖向排水体位置	mm	≤100	用钢尺量
竖向排水体插入深度	mm	+2000	经纬仪经测量
插入塑料排水带时的回带长度	mm	≤500	用钢尺量
竖向排水体高出砂垫层距离	mm	≥100	用钢尺量
插入塑料排水带的回带根数	％	<5	统计
砂垫层材料的含泥量	％	≤5	水洗法

6　成品保护

6.0.1 堆载预压，加强土体沉降固结效果的检测，确保完工后效果。

6.0.2 注意密封薄膜边缘的密封，加强检验、测试，如有漏气，及时修补好。

6.0.3 雨季期间应采取有效防雨施工措施，防止雨水浸泡扰动堆载区域。

7　注意事项

7.1　应注意的质量问题

7.1.1 灌砂量不足，砂井灌砂应自上而下保持连续，要求不出现颈井，且不扰动砂井周围土的结构，对灌砂量未达到设计要求的砂井，应在原位将桩管打入灌砂，复打一次。

7.1.2 地基失稳破坏，堆载预压施工中，作用于地基上的荷载不得超过地基的极限荷载，以免地基失稳破坏。应根据土质情况采取加荷方式，如需施工加大荷载时，应采取分级加荷，并控制每级加载重量的大小和加荷速率，使之与地基的强度增长相适应，待地基在前一级荷载作用下达到一定固结度后，再施加下一级荷载，特别是在加载后期，更须严格控制加荷速率，防止因整体或局部加荷量过大过快而使地基发生剪切破坏。

7.1.3 抽真空的时间，与土质条件和竖向排水体的间距密切相关，达到相同的固结度，间距越小，则所需时间越短，在工期较紧时，可适当采用较小的间距，在工期要求不严的情况下，可适当采用大一些的间距，以降低费用。

7.1.4　密封薄膜漏气，注意选择密封性和柔韧性好，抗老化、抗穿刺能力强的密封膜。注意边缘的密封，加强检验和测试。

7.2　应注意的安全问题

7.2.1　堆载高度不得大于设计高度，如发现沉降和侧移速率太大，应撤离危险区域。

7.2.2　机械操作人员须有上岗证，贯彻落实特殊工种持证上岗制度，严禁无证人员上岗操作；匣箱配制应一机一闸一漏电保护器。

7.2.3　设专人负责监测，建立完善信息联络。班组人员要相互照应，明确岗位责任，提高安全观念。

7.2.4　流料储存，施工中易燃物周围不得有烟火。

7.2.5　地面上操作人员必须戴安全帽，禁止在打桩机下停站。

7.2.6　作业前对工人进行安全教育，并做好安全交底。工人操作必须严格遵照机械操作使用规范进行，严禁违反操作规程，盲目操作。

7.3　应注意的绿色施工问题

7.3.1　打桩，要控制施工废水、泥排放，要设专门的排放池或桶，有专业人员处理。

7.3.2　装砂，禁止在大风天气施工，施工材料堆放，装砂施工中要有围护措施。

7.3.3　打桩机械噪声，施工机械要避免在夜间施工。

7.3.4　打桩油料要放在规定的位置，要有专人保管。

7.3.5　现场排水畅通，环境整洁，做到工完场地清。

8　质量记录

8.0.1　测量放线记录。

8.0.2　预压地基工程检验批质量验收记录。

8.0.3　工序交接检验记录。

8.0.4　检验批、分项、分部工程质量验收记录。

8.0.5　质量检验评定记录。

8.0.6　施工记录。

8.0.7　其他技术文件。

第8章 振 冲 地 基

本工艺标准适用于振冲法加固地基工程，适用于处理松散的砂土、粉土、粉质黏土、饱和黏性土、饱和黄土、素填土、杂填土等地基，以及用于处理可液化地基。不加填料的振冲密实法仅适用于处理 0.005mm 黏粒含量小于 10％的粗砂、中砂地基。

1 引用标准

《建筑工程施工质量验收统一标准》GB 50300—2013；
《建筑地基工程施工质量验收标准》GB 50202—2018；
《建筑地基基础工程施工规范》GB 51004—2015；
《复合地基技术规范》GB/T 50783—2012；
《建筑地基处理技术规范》JGJ 79—2012。

2 术语

振冲地基：利用振冲器水冲成孔，填以砂石骨料，借振冲器的水平振动及垂直振动振密填料，形成碎石桩体（称碎石桩）与原地基构成复合地基。

3 施工准备

3.1 作业条件

3.1.1 施工前应具备下述资料：

1 岩土工程勘察资料。

2 临近建（构）筑物、地下设施类型、分布及结构质量情况。

3 工程设计图纸、设计要求及所达到的标准、检测手段。

3.1.2 平整施工场地，处理场地内的障碍物，对设备运行的松软场地进行预压处理；现场水、电应接到使用位置；机具、设备已配齐、进场，检查振冲器的性能，电流表、电压表的准确度及填料的性能，确保完好。

3.1.3 桩轴线控制桩及水准基点桩已设置、编号并经复核；以施工图纸放样出桩孔位置并做好标记。

3.1.4 施工前应现场进行振冲成桩工艺和成桩挤密试验，确定振冲水压力、成孔速度、填料方法、振密电流、填料量、留振时间和施工顺序等有关施工参数和施工工艺。可根据设计荷载的大小、原土强度、设计桩长等条件选用不同功率的振冲器。当成桩质量不满足设计要求时，应调整施工参数后，重新进行试验。

3.1.5 对填料的粒径、含泥量等指标已进行检验试验。

3.1.6 施工组织设计或施工方案已编制，并按规定程序审批；工程开工前，应按要求进行技术（安全）交底。

3.2 材料及机具

3.2.1 材料

1 填料：可用含泥量小于5％的碎石、卵石、矿渣或其他性能稳定的硬质材料，不宜使用风化宜碎的石料。对30kW振冲器，填料粒径宜为20～80mm；对55kW振冲器，填料粒径宜为30～100mm；对75kW振冲器，填料粒径宜为40～150mm。

2 水：宜用饮用水或不含有害杂质的洁净水。

3.2.2 机具

1 振冲器：可根据设计荷载的大小、原土强度的高低、设计桩长等条件选用不同功率的振冲器。一般采用额定功率30kW、55kW、75kW振冲器。

2 升降设备：一般采用履带式起重机、汽车式起重机等。

3 水泵：水压宜为200～600kPa，流量宜为200～400L/min。

4 控制设备：控制电流操作台、150A电流表、500V电压表、供水管道和留振时间自动信号仪等。

5 填料设备：装载机、吊车等。

4 操作工艺

4.1 工艺流程

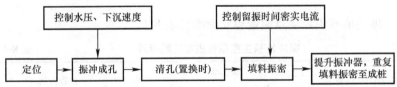

4.2 定位

清理平整施工场地，布置桩位；振冲施工机具就位，使振冲器对准桩位。

4.3 振冲成孔

1 启动供水泵和振冲器，使振冲器垂直对准桩位，按照现场工艺试验确定的参数和工艺进行施工，一般水压宜为200～600kPa，水量宜为200～400L/min，将振冲器徐徐沉入土中，成孔速度宜为 0.5～2m/min。每沉入 0.5～1.0m 宜悬留振冲 5～10s 扩孔，待孔内泥浆溢出时，再继续沉入直至达到设计处理深度。记录振冲器经各深度的水压、电流和振留时间。

2 振冲器下沉过程中，电流不能超过电机的额定值。当冲孔接近加固深度时，振冲器应在孔底适当停留并减少射水压力。

4.4 清孔

成孔后边提振动器边冲水至孔口，再放至孔底，重复 2～3 次扩大孔径并使孔内泥浆变稀，确保填料畅通，最后将振冲器停留在加固深度以上 500mm 处等待填料。

4.5 填料振密

4.5.1 振冲器到达设计深度后，将水压和水量降至孔口有一定量回水但无大量细颗粒带出的程度，向孔内填料。

4.5.2 大功率振冲器投料可不提出孔口，小功率振冲器下料困难时，可将振冲器提出孔口填料，每次填料厚度不宜大于 500mm，将振冲器沉入填料中进行振密制桩。当电流达到规定的密实电流值和规定的振留时间后，将振冲器提升 300～500mm，重复以上步骤。记录各深度的最终电流值、留振时间和填料量。

4.6 提升振冲器，重复填料、振密步骤，自下而上直至孔口成桩。关闭振冲器和水泵。

4.7 不加填料振冲密实法，宜采用大功率振冲器，造孔速度宜为 8～10 m/min，到达设计处理深度后，宜将射水量减至最小，留振至电流达到规定值时，上提振冲器 500mm，如此重复进行，逐段振密直至孔口，完成全孔处理。每米振密时间约为 1min。

4.8 振密孔施工顺序，宜沿直线逐点逐行进行。

5 质量标准

5.0.1 振冲地基主控项目质量检验标准见表 8-1。

振冲地基主控项目质量检验标准 　　　　　　表 8-1

检查项目	允许偏差或允许值		检查方法
	单位	数值	
填料粒径	设计要求		抽样检查
密实电流（黏性土）（功率 30kw 振冲器）	A	50～55	查看电流表
密实电流（砂性土或粉土）（功率 30kw 振冲器）	A	40～50	查看电流表

续表

检查项目	允许偏差或允许值		检查方法
	单位	数值	
密实电流（其他类型振冲器）	A	1.5～2.0 A₀	查看电流表，A₀为空振电流
地基承载力	不小于设计值		静载试验
地基密实度	设计要求		按规定方法

5.0.2 振冲地基一般项目质量检验标准见表 8-2。

振冲地基一般项目质量检验标准　　　　　　　　表 8-2

检查项目	允许偏差或允许值		检查方法
	单位	数值	
填料含泥量	％	＜5	水洗法
振冲器喷水中心与孔径中心偏差	mm	≤50	用钢尺量
孔位中心与设计孔位中心偏差	mm	≤100	用钢尺量
桩体直径	mm	＜50	用钢尺量
孔深	mm	±200	量钻杆或重锤测

6 成品保护

6.0.1 振冲地基施工完毕后，应防止表层土壤受扰动、破坏。

6.0.2 保护好现场的轴线定位桩、水准桩，必要时加以校核。

6.0.3 雨期或冬期施工，应采取防雨、防冻措施，防止受雨水淋湿、冻结。

7 注意事项

7.1 应注意的质量问题

7.1.1 施工前应检查振冲器的性能，电流表、电压表的准确度及填料的性能。

7.1.2 振冲密实的施工宜沿直线逐点进行，一般宜从中间向外围或从一侧向另一侧，逐排或隔排施工；在既有建（构）筑物邻近施工时，应背离建（构）筑物方向进行。

7.1.3 严格控制水压和水量。成孔过程中水压和水量尽可能大，当接近设计加固深度时，宜降低水压，以免扰动桩底以下的土。加料振密过程中，水压和水量均宜小。

7.1.4 填料振密过程中，应控制流振时间，使稳定的电流达到规定的密实电流。填料时不宜过猛，要勤填料，每批不宜过多。

7.1.5　振冲施工完成后，应将顶部预留的松散桩体挖除，铺设 300～500mm 垫层并压实。

7.1.6　施工结束后，应间隔一定时间方可进行质量检测。对粉质黏土地基不宜少于 21d，对粉土地基不宜少于 14d，对砂土和杂填土地基不宜少于 7d。

7.2　应注意的安全问题

7.2.1　振冲器的升降设备应安放平衡并垫实，防止在振冲过程中倾斜或倾倒，造成人员伤亡或设备损坏。

7.2.2　机械设备和电器仪表应有专人负责，非操作和使用人员不得擅自使用。

7.2.3　电器设备及照明必须采用三相五线制，接地良好并配备漏电保护器。

7.3　应注意的绿色施工问题

7.3.1　施工现场应设置好泥水排放系统，或组织好运浆车将泥浆运至指定地点。设置沉淀池，重复使用上部清水。

7.3.2　对施工噪声进行控制，尽量避免夜间施工，影响附近居民休息。

7.3.3　对建筑垃圾等固体废物应交合格的消纳单位组织消纳，严禁随意弃置。

8　质量记录

8.0.1　测量放线记录。

8.0.2　技术安全交底记录。

8.0.3　填料试验报告。

8.0.4　振冲地基施工记录。

8.0.5　地基承载力检测报告。

8.0.6　振冲地基工程检验批质量验收记录。

8.0.7　振冲地基分项工程质量验收记录。

8.0.8　其他技术文件。

第9章 砂 石 桩

本工艺标准适用于采用挤密处理松散砂土、粉土、粉质黏土、素填土、杂填土的地基，以及用于处理可液化地基。饱和黏土地基，如对变形控制不严格，可采用砂石桩置换处理。对大型的、重要的或场地地层复杂的工程，应在施工前通过试验确定其适用性。

1 引用标准

《建筑工程施工质量验收统一标准》GB 50300—2013；

《建筑地基工程施工质量验收标准》GB 50202—2018；

《建筑地基基础工程施工规范》GB 51004—2015；

《复合地基技术规范》GB/T 50783—2012；

《建筑地基处理技术规范》JGJ 79—2012；

《建筑机械使用安全技术规程》JGJ 33—2012。

2 术语

2.0.1 复合地基：部分土体被增强或被置换，形成由地基土和竖向增强体共同承担荷载的人工地基。

2.0.2 砂石桩地基：属于挤密桩地基处理的一种。砂桩和砂石桩统称砂石桩，是指用振动、冲击或水冲等方式在软弱地基中成孔后，再将砂或砂卵石（砾石、碎石）挤压入土孔中，形成大直径的砂或砂卵石（砾石、碎石）所构成的密实桩体，它是处理软弱地基的一种常用的方法。

2.0.3 砂石桩复合地基：将碎石、砂或砂石混合料挤压入已成的孔中，形成密实砂石竖向增强体的复合地基。

3 施工准备

3.1 作业条件

3.1.1 清理平整压实场地，拆除地面上附属物、障碍物及各种线路，经监理工程师检查认可，方能施工。

3.1.2 场地内外道路应畅通无阻，施工用临时设施在施工前就绪，材料进场，并检验合格。

3.1.3 组织技术人员编写详细的施工组织设计和开工报告，布置准确的桩位，经审查验收同意后方可开工。

3.1.4 作好测量放线工作，钉好标高、轴线控制桩，进行桩位布设。

3.1.5 施工前应截断流向作业区的水源，并适当开挖排水沟，保证施工期间的排水。

3.1.6 主要作业人员已经过安全培训，并接受了施工作业指导书；机械操作人员持有效合格证上岗。

3.1.7 无经验地区，应进行试成桩试验，以确定施工最终参数。

3.2　材料及机具

3.2.1 砂：中、粗混合砂，含泥量不大于5%，含水量要求在饱和土中施工时采用饱和状态；非饱和土中施工时，采用7%～9%；软弱黏土，砂和角砾混合料，不宜含有大于50mm的颗粒。

3.2.2 石：碎石粒径不大于50mm，级配良好，含泥量不大于5%。

3.2.3 级配砂石材料，不得含有草根、树叶、塑料袋等有机杂物和垃圾。

3.2.4 机具设备：柴油打桩机、电动落锤打桩机、振动打桩机、振冲器、装载机、压路机（6～10t）、水车、翻斗汽车、机动翻斗车。

3.2.5 主要工具：手推车、蛙式或柴油打夯机、平头铁锹、喷水用胶管、2m靠尺、小线或细钢丝、钢尺或木折尺等。

4　操作工艺

4.1　工艺流程

4.1.1 振动成桩法

场地准备 → 桩机就位 → 振动沉管 → 上料 → 边振动边上料边拔管 →

反插桩管 → 重复上料、拔管、反插管直至顶出地面 → 清理导管外壁带出的土 →

移机至下一桩位

4.1.2 锤击成桩法

场地准备 → 桩机就位 → 锤击沉管 → 上料 → 边锤击边上料边拔管 →

反插桩管 → 重复上料、拔管、反插管直至桩顶出地面 →

清理导管外壁带出的土 → 移机至下一桩位

4.2　振动成桩法施工

4.2.1 场地准备：清理平整场地，清除高空和地面障碍物。

4.2.2 桩机就位：根据设计要求，用小木桩插出成桩的孔位。桩管中心对准桩中心，校正桩管垂直度≤1.5%；校正桩管长度并符合设计桩长。

4.2.3 振动沉管：开动振动机把套管沉入土中，边振动边下沉至设计深度，如遇到坚硬难沉的土层可以辅以喷气或射水沉入。

4.2.4 上料：把加好碎石的料斗吊起插入桩管上口，向管内注入一定量的碎石。

4.2.5 边振动边上料边拔管：将注满的碎石的导管边振动边缓慢提起，桩管底要低于沉入的碎石顶面，套管内的碎石振动沉入或被压缩空气从套管内压出形成桩体。

4.2.6 反插桩管：在注入一定碎石后，将套管沉入到规定的深度，并加以振动使排出的碎石振密，并使碎石再一次挤压周围的土体。

4.2.7 重复上料、拔管、反插管直至桩顶出地面：按照上料、边振动边上料边拔管、反插桩管的步骤重复进行直至桩顶出地面。

4.2.8 清理导管外壁带出的土：施工过程中应及时挖除桩管带出的泥土，孔口泥土不得掉入孔中再次灌碎石于套管内。

4.2.9 移机至下一桩位：成桩后将桩机移至下一桩位进行施工，施工结束后，应进行地基承载力检验，检测数量不少于总桩数的0.5%，且每个单体建筑不少于3个点。

4.3 锤击成桩法施工

4.3.1 场地准备：清理平整场地，清除高空和地面障碍物。

4.3.2 桩位放样：根据设计要求，用小木桩插出成桩的孔位。

4.3.3 桩机就位：桩管中心对准桩中心，校正桩管垂直度≤1.5%，校正桩管长度并符合设计桩长。

4.3.4 锤击沉管：开动振动机把套管沉入土中，边锤击边下沉至设计深度，如遇到坚硬难沉的土层可以辅以喷气或射水沉入。

4.3.5 上料：把加好碎石的料斗吊起插入桩管上口，向管内注入一定量的碎石。

4.3.6 边锤击边上料边拔管：将注满的碎石的导管边锤击边缓慢提起，桩管底要低于沉入的碎石顶面，套管内的碎石锤击沉入或被压缩空气从套管内压出形成桩体。

4.3.7 反插桩管：在注入一定碎石后，将套管沉入到规定的深度，并加以锤击使排出的碎石密实，并使碎石再一次挤压周围的土体。

4.3.8 重复上料、拔管、反插管直至桩顶出地面：按照上料、边锤击边上料边拔管、反插桩管的步骤重复进行直至桩顶出地面。

4.3.9 清理导管外壁带出的土：施工过程中应及时挖除桩管出泥土，孔口泥土不得掉入孔中再次灌碎石于套管内。

4.3.10 移机至下一柱位：成桩后将桩机移至下一桩位选行施工，施工结束后，应进行地基承载力检验，检测数量不少于总桩数的0.5%，且每个单体建筑不少于3个点。

5 质量标准

5.0.1 砂石桩主控项目质量检验标准见表9-1。

砂石桩主控项目质量检验标准   表9-1

检查项目	允许值或允许偏差		检查方法
	单位	数值	
复合地基承载力	不小于设计值		静载试验
桩体密实度	不小于设计值		重型动力触探
填料量	%	≥−5	实际用料量与计算填料量体积比
孔深	不小于设计值		测钻杆长度或用测绳

5.0.2 砂石桩一般项目质量检验标准见表9-2。

砂石桩一般项目质量检验标准   表9-2

检查项目	允许值或允许偏差		检查方法
	单位	数值	
填料的含泥量	%	≤5	水洗法
填料的有机质含量	%	≤5	灼烧减量法
填料粒径	设计要求		筛析法
桩间土强度	不小于设计值		标准贯入试验
桩位	mm	≤0.3D	全站仪或用钢尺量
桩顶标高	不小于设计值		水准测量，将顶部预留的松散桩体挖出后测量
密实电流	设计值		查看电流表
留振时间	设计值		用表计时
褥垫层夯填度	≤0.9		用水准测量

注：1. 夯填度指夯实后的褥垫层厚度与虚铺厚度的比值。
   2. D—设计桩径（mm）。

6 成品保护

6.0.1 回填砂石时，应注意保护好现场轴线桩、水准高程桩，防止碰撞位移，并应经常复测。

6.0.2 地基范围内不应留有孔洞。完工后如无技术措施，不得在影响其稳定的区域内进行挖掘工程。

6.0.3 夜间施工时，应合理安排施工顺序，配备足够的照明设施；防止级配砂石不准。

6.0.4 严禁车辆进入处于施工期间的区段。

7 注意事项

7.1 应注意的质量问题

7.1.1 位置偏移，根据所使用的机具随时掌握检查，砂石桩平面位置和垂直度，按规定偏差应符合设计要求。

7.1.2 桩身缩颈，控制拔管速度，控制贯入速度，扩大桩径，选择激振力，提高振动频率。

7.1.3 灌砂量不足，开始拔管前先应灌入一定量砂，振动片刻（15～30s），然后将管子上拔 30～50cm，再次向管中灌入足够砂量，并向管中适量注水，对桩尖处加自重压力，以强迫活瓣张开，使砂量流出，用浮漂测得桩尖已经张开后，方可继续拔管。

7.1.4 砂石桩施工顺序，对砂土地基宜从外围或两侧向中间进行，对黏性土地基宜从中间向外围或隔排施工，以挤密为主的砂石桩同一排应间隔进行；在已有建（构）筑物临近施工时，应背离建（构）筑物方向进行施工。

7.1.5 砂桩料以中粗砂为好，含泥量应在 3% 以内，无杂物。

7.1.6 不满足设计要求时，如实际灌砂量达不到设计要求，应在原位复打一次，并灌砂，或在其旁补打一根砂桩。

7.1.7 施工结束后，应检验地基的强度和承载力。

7.2 应注意的安全问题

7.2.1 施工现场的临时用电必须严格遵守国家现行标准《施工现场临时用电安全技术规范》JGJ 46 的规定。用电设备应安装漏电保护器，施工中定期检查电源线路和设备的电器部件，处理机械故障时必须断电，确保用电安全。

7.2.2 机械等设备的操作应严格遵守国家现行标准《建筑机械使用安全技术规程》JGJ 33 的规定。

7.2.3 作业区应有明显标志或围栏，进入施工现场必须戴安全帽。

7.2.4 夜间作业，机上及工作地点必须有充足的照明设施，在危险地段应设置明显的警示标志和护栏标识。

7.3　应注意的绿色施工问题

7.3.1　环境管理措施，施工中砂石应遮盖存放，不得沿途遗撒，避免扬尘，施工现场配备洒水降尘器具，指定专人负责现场洒水。

7.3.2　遇有大雨、雪、雾和六级以上大风等恶劣气候，应停止作业。

8　质量记录

8.0.1　材料进场验收记录。

8.0.2　试桩成桩记录。

8.0.3　桩位平面布置图。

8.0.4　工序交接检验记录。

8.0.5　隐蔽工程验收记录。

8.0.6　检验批、分项、分部质量验收记录。

8.0.7　施工现场质量管理检查记录。

8.0.8　其他技术文件。

第10章 高压旋喷注浆

本工艺标准适用于处理淤泥、淤泥质土、黏性土（软塑、流塑和可塑）、粉土、砂土、黄土、素填土和碎石土等地基。对土中含有较多的粒径块石、大量植物根茎、有机质含量高以及地下水流速较大的工程，应根据现场试验结果确定其适用性。

1 引用标准

《建筑工程施工质量验收统一标准》GB 50300—2013；
《建筑地基工程施工质量验收标准》GB 50202—2018；
《建筑地基基础工程施工规范》GB 51004—2015；
《复合地基技术规范》GB/T 50783—2012；
《建筑地基处理技术规范》JGJ 79—2012。

2 术语

2.0.1 高压喷射注浆：把注浆管钻入或置入土体以后，使喷嘴喷出 20MPa 的高压喷射流破坏地基土体，形成预定形状的空间，注入的浆体将冲下的土置换或部分混合凝成固结体，以达到改造土体的一种方法。

2.0.2 复喷：对同一注浆孔内的某一段进行两次或两次以上的喷射作业。

3 施工准备

3.1 作业条件

3.1.1 高压喷射注浆施工前，必须具备完整的工程地质勘察资料和工程附近管线、建筑物、构筑物和其他公共设施的构造情况，当地下水流动速度较快时，应进行专项水文地质勘察。

3.1.2 正式施工前，旋喷注浆施工工艺及施工参数应根据土质条件、加固要求，通过试验或工程经验确定。单管法、双管法高压水泥浆和三管法高压水的压力应大于 20MPa，流量应大于 30L/min，气流压力宜大于 0.7MPa，提升速度宜为 0.1～0.2m/min。各材料用量，应通过试验确定。

3.1.3 编制施工组织设计和施工方案，按程序审批后，进行技术（安全）交底。

3.1.4 清除地下障碍物（如管道、旧基础、电缆线等）及墓（洞）穴，采取措施处理后方可进行下一道工序施工。

3.1.5　作业前，现场应做到"三通一平"，确保机械行走范围内无障碍物。同时，按要求布设各种管线。需要布置两条"水道"，一条是装有调节阀的供水管道，能根据需要随时调节水压和水量；另一条是输送废浆液的沟渠，可让孔内返出的浆液流入泥浆池。

3.1.6　基础底面以上宜留 500～1000mm 厚的土层，以保证桩头质量。

3.1.7　施工测放的轴线经复核后妥善保护，并根据图纸要求测放出桩位点，进行布桩。

3.1.8　机具设备配齐进场后，应进行安装、检修及调试运转。施工前，应检查桩机运行和输料管畅通情况，标定灰浆泵输浆量，控制输浆速度。

3.1.9　开工前应对水泥、外加剂及水的质量进行检测，检查桩位、浆液配比、高压喷射设备的性能等，并应对压力表、流量表进行检定或校准。

3.2　材料及机具

3.2.1　水泥：宜用强度等级为 42.5 级及以上普通硅酸盐水泥。水泥进场时应有出厂合格证，并有现场复验报告。

3.2.2　外加剂：根据工程需要和土质条件，选用具有早强、减水等作用的外加剂。进场时应有合格证，并有现场复验报告。

3.2.3　水：宜用饮用水或不含有害物质的洁净水。

3.2.4　高压喷射注浆设备

1　造孔系统：钻机、钻杆、喷射管、喷射头。

2　供水系统：高压水泵、压力表、高压截止阀、高压管、供水泵。

3　供气系统：空气压缩机、风量计、输气管。

4　制浆系统：浆液池、浆液搅拌机、上料机、浆液贮储罐。

5　喷射系统：垂直架、卷扬机、旋摆机、高压注浆泵、喷射注浆管。

4　操作工艺

4.1　工艺流程

喷射注浆根据工程需要和机具设备条件，可分别采用单重管法、二重管法和三重管法，其加固原理一致，施工工艺流程如图 10-1 所示。

4.2　单重管法

4.2.1　工艺流程

钻机就位 → 制备水泥浆 → 钻机钻进、贯入喷射管 → 旋喷注浆作业 →

拔管 → 冲洗钻具、移机

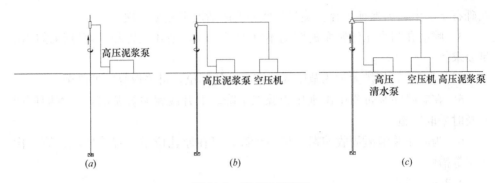

图 10-1　施工工艺流程
(*a*) 单管法；(*b*) 二重管法；(*c*) 三重管法

4.2.2　钻机就位

1　移动钻机至设计孔位，使钻头对准旋喷桩设计中心，调整钻杆对地面的垂直度，使钻孔的垂直度偏差不大于 1.0%。

2　钻机就位后，首先进行低压（0.5MPa）射水试验，用以检查喷嘴是否畅通，压力是否正常。

4.2.3　制备水泥浆

首先浆水加入桶中，再将水泥和外掺剂倒入，开动搅拌机搅拌 10～20min，而后拧开搅拌桶底部阀门，放入第一道筛网（孔径为 0.8mm），过滤后流入浆液池，然后通过泥浆泵抽进第二道过滤网（孔径为 0.8mm），第二次过滤后流入浆液池桶中，待压浆时备用。

水泥浆液的水灰比宜为 0.8～1.2。

4.2.4　钻机钻进、贯入喷射管

1　钻机开始钻进后，射水压力由 0.5MPa 增加至 1.0MPa，作用是减少摩擦力，防止喷嘴被堵。

2　当第一根钻杆钻进后，停止射水，此时压力降为零，接长钻杆，再继续射水钻进，直到钻至设计标高。

4.2.5　旋喷注浆作业

1　主要技术参数有：浆液压力不低于 20MPa，旋转速度为 20r/min，喷嘴直径 2.9～3.2mm，浆液流量为 90～120L/min。

2　当喷射注浆管贯入土中，喷嘴达到设计标高后，停止射水，拧下上面第一根钻杆，放入钢球，堵住射水孔，再将钻杆装上，即可向钻机送高压水泥浆。待喷射注浆参数达到规定值后，随即按旋喷的工艺要求，开始旋转和提升钻杆喷射管，由下向上旋转喷射注浆，喷射管分段提升的搭接长度不得小于 100mm。

在砾石土层中，为保证桩径在旋喷参数不变的情况下复喷一次。

3 喷射孔与高压注浆泵的距离不宜大于50m，钻孔位置和垂直度偏差应满足要求。

4 对需要局部扩大加固范围或提高强度的部位，可采取复喷的措施。

5 在旋喷注浆过程中出现压力骤然下降、上升或冒浆异常时，应查明原因并及时采取措施。

6 为防止浆液凝固收缩影响桩顶标高，可在原孔位采用冒浆回灌或第二次注浆等措施。

4.2.6 拔管

当上面第一根钻杆完全提出地面后停止压浆，待压力下降后迅速拆除第一节钻杆，并将钻杆整体下沉，搭接不小于100mm，然后继续压浆，等压力上升至设计压力时，重新开始旋喷。当喷头提升至设计标高时，为避免浆液析水而收缩，造成旋喷桩顶部凹陷，需进行1~2min的低压（5MPa）补浆。

4.2.7 冲洗钻具

补浆完成后，提出钻杆及钻头，进行低压（0.5MPa）射水，冲洗钻杆、喷嘴，整个旋喷作业结束，钻机移至下一桩位作业。

4.2.8 施工中应检查并记录注浆压力、水泥浆量、提升速度及拔管速度等施工参数。

4.3 二、三重管法

4.3.1 工艺流程如下：

定位 → 打入套管 → 拔卸套管 → 插入二（或三）重管 →

旋喷、提升至预定标高 → 拔管 → 冲洗钻具

4.3.2 先用造孔系统在土中钻成直径为150~200mm的孔或将套管打入土中至设计深度，安放喷射系统，将二（或三）重管插入套管孔内，接通供水系统、制浆系统（如为三重管，应再接通供气系统），并试喷。当分别达到预定数值时开始提升钻杆，进行喷射作业，至预定的旋喷高度。拔出二（或三）重管，冲洗钻杆、喷嘴，整个旋喷作业结束。

4.3.3 开始喷射时，先送高压水，再送水泥浆（如为三重管应加送压缩空气，在一般情况下压缩空气可晚送30s）。在底部喷射1min后才可提升。

5 质量标准

5.0.1 施工结束后，应检查桩体的强度和平均直径，以及单桩与复合地基的承载力。高压喷射注浆主控项目检验标准见表10-1。

高压喷射注浆主控项目检验标准　　　　　表 10-1

检查项目	允许偏差或允许值		检查方法
	单位	数值	
复合地基承载力	不小于设计值		静载试验
单桩承载力	不小于设计值		静载试验
水泥用量	不小于设计值		查看流量表
桩长	不小于设计值		测钻杆长度
桩体强度	不小于设计值		28d 试块强度或钻芯法

5.0.2 高压喷射注浆一般项目检验标准见表 10-2。

高压喷射注浆地基工程一般项目的检验标准　　　　　表 10-2

检查项目	允许偏差或允许值		检查方法
	单位	数值	
水胶比	设计值		实际用水量与水泥等胶凝材料的重量比
钻孔位置	mm	≤50	用钢尺量
钻孔垂直度	≤1/100		经纬仪测钻杆
桩位	mm	≤0.2D	开挖后桩顶下 500mm 处用钢尺量，D 为设计桩径
桩径	mm	≥-50	用钢尺量
桩顶标高	不小于设计值		水准测量，最上部 500mm 浮浆层及劣质桩体不计入
喷射压力	设计值		检查压力表读书
提升速度	设计值		测机头上升距离及时间
旋转速度	设计值		现场测定
褥垫层夯填度	≤0.9		水准测量

6　成品保护

6.0.1 旋喷桩完成后，现场不得随意堆放重物，防止桩体变形。

6.0.2 成桩 4～6 周以后才可以进行基坑开挖。

6.0.3 基坑开挖时，机械应开挖至桩顶标高 0.5m 以上，剩余部分土体采用人工挖掘。

6.0.4 保护好现场定位桩和水准桩，以便校核桩位和桩顶标高。

7　注意事项

7.1　应注意的质量问题

7.1.1 由于喷射压力较大，容易发生窜浆，影响邻孔的质量，应采用间隔跳打法施工，一般两孔间距大于 1.5m。

7.1.2　施工前应检查高压设备和管路系统，其压力和流量应满足设计要求。

7.1.3　在旋喷过程中，因机械故障而中断旋喷，在停浆半小时内钻杆向下 1m 开始旋喷；超过半小时应重新钻孔至桩底设计标高，重新旋喷。

7.1.4　旋喷过程中，冒浆量小于注浆量的 20% 或完全不冒浆时，应查明原因，调整旋喷参数或改变喷嘴直径。

7.1.5　制作浆液时，应严格控制水灰比，不得使用受潮或过期水泥。

7.1.6　在整个成孔喷浆过程中，钻机与供浆操作工、记录员应密切配合，如发现异常立即调整。

7.1.7　严格控制喷射和提升速度，确保处理的桩长和桩体的均匀度。

7.1.8　在旋喷过程中，如遇到大块孤石或漂石时，桩可适当移动位置，避免形成畸形桩或断桩。

7.1.9　施工中应严格按照施工参数和材料用量施工，用浆量和提升速度应采用自动记录装置，并做好各项施工记录。

7.2　**应注意的安全问题**

7.2.1　施工机械、电气设备等在确认完好后方准使用。施工前应对高压泥浆泵全面检查，施工后应对其清洗干净，保证其正常使用。一旦发生故障，应停泵停机排除故障。

7.2.2　高压胶管应在规定的压力范围内使用，施工中弯曲不得小于规定的弯曲半径，防止高压胶管破裂伤人。

7.2.3　施工前应进行技术安全交底工作，司钻人员操作技能应熟练，并了解注浆工艺全过程。

7.2.4　施工前应进行技术和安全交底工作，司钻人员技能应熟练，并了解施工工艺。

7.3　**应注意的绿色施工问题**

7.3.1　水泥操作人员应戴口罩进行工作。

7.3.2　高压喷射产生的废浆应排至储浆池中，对浆液中的水与固体颗粒进行沉淀分离。

7.3.3　采用泥浆车将废浆运至指定的地点排放。

8　质量记录

8.0.1　测量放线记录。

8.0.2　水泥、外加剂及掺和料出厂合格证、质量检验报告及进场复验报告。

8.0.3　技术安全交底。

8.0.4　高压喷旋注浆记录。

8.0.5　检测报告（单桩和复合地基承载力检测报告，如设计有要求时，还应有桩体强度检测报告）。

8.0.6　高压旋喷注浆地基工程检验批质量验收记录。

8.0.7　高压旋喷注浆地基分项工程质量验收记录。

8.0.8　桩位竣工图。

8.0.9　其他技术文件。

第11章 水泥土搅拌桩

本工艺标准适用于处理正常固结的淤泥、淤泥质土、素填土、黏性土（软塑、可塑）、粉土（稍密、中密）、粉细砂（松散、中密）、中粗砂（松散、中密）、饱和黄土等土层。不适用于含大孤石或障碍物较多且不易清除的杂填土、欠固结的淤泥和淤泥质土、硬塑及坚硬的黏性土、密实的砂类土，以及地下水渗流影响成桩质量的土层。当地基土的天然含水量小于30%（黄土含水量小于25%）时不宜采用粉体搅拌法。冬期施工时，应考虑负温度对处理地基效果的影响。

水泥土搅拌桩用于处理泥炭土、有机质土、pH值小于4的酸性土、塑性指数大于25的黏土，或在腐蚀性环境中以及无施工经验的地区使用时，必须通过现场试验确定其适用性。

1 引用标准

《建筑工程施工质量验收统一标准》GB 50300—2013；
《建筑地基工程施工质量验收标准》GB 50202—2018；
《建筑地基基础工程施工规范》GB 51004—2015；
《复合地基技术规范》GB/T 50783—2012；
《建筑地基处理技术规范》JGJ 79—2012；
《型钢水泥土搅拌墙技术规程》JGJ/T 199—2010。

2 术语

水泥土搅拌桩地基：利用水泥作为固化剂，通过搅拌机械将其与地基土强制搅拌，硬化后构成的地基。

湿搅拌法：使用水泥浆作为固化剂的水泥土搅拌法。

干搅拌法：使用干水泥粉作为固化剂的水泥土搅拌法。

3 施工准备

3.1 作业条件

3.1.1 施工前除应按现行国家标准《岩土工程勘察规范》GB 50021要求对施工场地进行岩土工程详细勘察外，尚应查明拟处理地基土层的pH值、塑性指数、有机质含量、地下障碍物及软土分布情况、地下水位及其运动规律等。

3.1.2 已编制施工组织设计或施工方案，按规定进行审批后，进行技术（安全）交底。

3.1.3 施工现场应先整平，清除桩位处地上和地下一切障碍物及墓（洞）穴。遇到暗滨、池塘及洼地时，应抽水和清淤，回填黏性土料并压实，不得回填杂填土或生活垃圾。现场应做到"三通一平"。

3.1.4 基础底面以上宜留 500～1000mm 厚的土层，以保证成桩桩头质量。

3.1.5 施工前用全站仪测放轴线定位点，经复核后妥善保护，并根据图纸要求用钢尺准确测放出桩位点。

3.1.6 现场水、电能满足供应，并已接到使用位置。

3.1.7 机具设备配齐进场后，应进行安装、检修及调试运转。施工前，应检查桩机运行和输料管畅通情况，标定灰浆泵输浆量、灰浆经输浆管达到搅拌机喷浆口的时间和机头提升速度等施工参数，宜用流量泵控制输浆速度。

3.1.8 喷粉施工前应仔细检查搅拌机械、供粉泵、送气（粉）管路、接头和阀门的密封性、可靠性。送气（粉）管路的长度不宜大于 60m。

3.1.9 开工前应检查水泥、外加剂及水的质量，桩位、搅拌机工作性能，并应对各种计量设备进行检定或校准。

3.1.10 试桩

水泥土搅拌桩施工前，应根据设计要求进行成桩工艺性试验，确定搅拌桩的施工参数和施工工艺；数量不得少于 3 根，多轴搅拌施工不得小于 3 组。

1 应进行处理地基土的室内配比试验。针对现场拟处理地基土层的性质，选择合适的固化剂、外掺剂及其掺量，为设计提供不同龄期、不同配比的强度参数。对竖向承载的水泥强度宜取 90d 龄期试块的立方体抗压强度平均值。

2 对重要工程或缺乏施工经验的地区或对泥炭土、有机质土、pH 值小于 4 的酸性土、塑性指数大于 25 的黏性土以及在腐蚀性环境中的地基，施工前应按设计要求，在有代表性的地段进行现场试桩。

3 试验施工的桩数一般应满足试验检测数量的要求，布桩形式一般为正三角形或矩形。桩径宜为 500～600mm。桩距应根据基础形式、设计要求的复合地基变形、土性及施工工艺确定。

4 增强体的水泥掺量不应小于 12%，块状加固时水泥掺量不应小于加固天然土质量的 7%；每米水泥掺量、提升速度、喷浆（粉）次数和搅拌次数通过试验确定。

5 试桩施工完成后，应间隔 28d 进行质量检测，检测采用复合地基静载荷试验和单桩静载荷试验手段，并检验桩体的强度和直径。

3.2　材料及机具

3.2.1　水泥：一般采用强度等级为32.5级及以上的普通硅酸盐水泥或矿渣硅酸盐水泥，对于型钢水泥土搅拌桩（墙）应选用不低于42.5级的水泥。水泥进场时应有出厂合格证，并有现场复验报告。

3.2.2　根据工程的需要和土质条件，选用具有早强剂、减水剂等性能的外加剂。进场时应有合格证，并有现场复验报告。

3.2.3　水：宜用饮用水或不含有害物质的洁净水。

3.2.4　搅拌桩设备

深层搅拌机设备分湿法（喷浆型）和干法（喷粉型），见表11-1。

深层搅拌机设备分类　　　　　　　　　　　　表11-1

设备类型		主要设备
湿法（喷浆型）	多轴	水泥搅拌桩机、机架、钻杆、钻头、水泥浆拌和机、集料斗、灰浆泵、电气控制柜等水泥搅拌输送系统
	单轴	
干法（喷粉型）		水泥搅拌桩机、钻杆、钻头、空压机、贮灰罐、粉体发送器等粉体喷射输送系统

4　操作工艺

4.1　工艺流程

水泥土搅拌桩根据工程需要、场地和机具设备条件，可分别采用干法和湿法，其加固原理一致，工艺流程如下：

原材料检验→清理地上地下障碍物→测量放线→搅拌桩机就位、调平→

预搅下沉→配制水泥浆→喷浆（粉）上升→重复搅拌下沉重复搅拌上升→

搅拌桩机移位

4.2　原材料检验

根据设计及规范要求选用水泥、砂子、外加剂和水，在施工前进行原材料检验，合格后方可使用。

4.3　清理地上地下障碍

整平施工现场，清除地上和地下一切障碍物。遇到暗滨、池塘及洼地时，应抽水和清淤，回填黏性土料并压实，不得回填杂填土或生活垃圾。

4.4　测量放线

采用全站仪及钢卷尺，根据图纸要求准确测放出桩位点，监理工程师检查验收。

4.5　搅拌桩机就位、调平

水泥土搅拌桩机到达指定桩位后，使中心管（双搅拌轴机型）或钻头（单轴型）中心对准设计桩位，进行调平对中。调整桩架和搅拌轴对地面的垂直度，以保证垂直度偏差不超过 1%。用水平尺测量机架的调平情况，当发现偏差过大及时调整。

4.6　预搅下沉

启动搅拌桩机电机，使机头沿导向架搅拌下沉至设计加固深度。施工时应严格控制下沉速度，工作电流不应大于额定值。当遇到硬土层而下沉太慢时可适量冲水，但应考虑冲水时对成桩强度的影响。

4.7　制备水泥浆

4.7.1　湿法作业时，待搅拌钻机头下沉到一定深度时，按设计确定的配合比拌制水泥浆，压浆前将水泥浆倒入集料斗中。水泥宜用普通硅酸盐水泥，水泥浆的水灰比可选用 0.5～0.6；拌浆水应符合标准规定；外加剂可根据工程的需要和土质条件，选用有早强、减水等性能的外加剂。

4.7.2　配制好的浆液倒入集料斗时，应用 3mm 筛过滤，以免浆液内结块损坏泵体。制备好的水泥浆不得有离析现象，如拌制好的水泥浆停置超过水泥初凝时间，则不得使用。拌制水泥浆液的罐数、水泥和外加剂用量以及泵送浆液的时间等，应有专人记录。

4.7.3　水灰比控制：根据水泥用量计算每罐用水量，在储水罐上做好标志，在施工中严格计量。

4.8　喷浆（粉）搅拌上升

4.8.1　搅拌桩机下沉到设计标高后，开启灰浆泵（粉体发生器），先喷浆（粉）30s，使浆（粉）完全到达桩端；再严格按设计确定的喷浆（粉）量、注浆泵出口压力、提升速度和次数，边喷浆（粉）边提升搅拌机头，并应使搅拌提升速度与输浆速度同步，保证加固范围内每一深度段均得以充分搅拌，确保桩身强度和均匀性，直至设计停浆（或灰）面标高。

4.8.2　当搅拌机头提升至设计标高时，原位转动 1～2min，将输送管内剩余浆（粉）喷尽，以保证桩头均匀密实。停浆（粉）面应高出桩顶设计标高 0.5m，施工时应将该施工质量较差的部分挖去。

4.8.3　喷粉搅拌头每转一周，提升高度不得超过 15mm。搅拌头的直径应定期复核检查，其磨耗量不得大于 10mm。对地基土进行干法咬合加固，复搅困难时，可采用慢速搅拌，保证搅拌的均匀性。

当搅拌头到达设计桩底以上 1.5m 时，应开启喷粉机提前进行喷粉作业；当搅拌头提升至地面下 500mm 时，喷粉机应停止喷粉。

4.8.4　为确保施工质量、提高工作效率和减少水泥浪费尽量连续工作。若因故停浆（粉），为防止断桩应将搅拌头下沉至停浆（粉）点 1.0m 以下，待恢复供浆（粉）后再喷浆（粉）搅拌。如停工 3h 以上，必须立即进行清洗管路，防止水泥在设备和管道中结块影响施工。

4.8.5 水泥搅拌桩施工工艺采用试桩确定施工工艺参数进行控制。

4.8.6 现场施工人员认真填写施工原始记录，记录内容应包括：

1 施工桩号、施工日期、天气情况；

2 喷浆深度、停浆标高；

3 灰浆泵压力、管道压力；

4 钻机转速；

5 钻进速度、提升速度；

6 浆液流量；

7 每米喷浆量和外掺剂用量；

8 复搅深度。

4.9 重复搅拌下沉重复搅拌上升

待搅拌桩机提升到设计加固范围的顶面标高时，关闭灰浆泵（粉体发送器），重复上述边旋转搅拌边下沉至设计加固深度，再搅拌再提升直预定的停浆（或灰）面，使软土和水泥浆（粉）充分搅拌均匀，检查搅拌桩的长度及标高。

4.10 搅拌桩机移位

按要求将水泥和土充分搅拌完毕后，关闭搅拌桩机电机，将机头提出地面，成桩结束，移机至下一个桩位，重复上述步骤，进行下一根桩的施工。

当不再连续作业时，向集料斗中注入适量清水，开启灰浆泵，清洗管路中残存的全部水泥浆，直至基本干净。

5 质量标准

5.0.1 水泥土搅拌桩主控项目质量检验标准见表11-2。

水泥土搅拌桩主控项目质量检验标准　　　　　　表11-2

检查项目	允许值或允许偏差		检查方法
	单位	数值	
复合地基承载力	不小于设计值		静载试验
地基承载力	不小于设计值		静载试验
水泥用量	不小于设计值		查看流量表
搅拌叶回转直径	mm	±20	用钢尺量
桩长	不小于设计值		测钻杆长度
桩身强度	不小于设计值		28d试块强度或钻芯法

5.0.2 水泥土搅拌桩一般项目质量检验标准见表11-3。

水泥土搅拌桩一般项目质量检验标准　　　　表 11-3

检查项目	允许值或允许偏差		检查方法
	单位	数值	
水胶比	设计值		实际用水量与水泥等胶凝材料的重量比
提升速度	设计值		测机头上升距离及时间
下沉速度	设计值		测机头下沉距离及时间
桩位	条基边桩沿轴线	≤D/4	全站仪或用钢尺量
	垂直轴线	≤D/6	
	其他情况	≤2D/5	
桩顶标高	mm	±200	水准测量，最上部500mm浮浆层及劣质桩体不计入
导向架垂直度	≤1/150		经纬仪测量
褥垫层夯填度	≤0.9		水准测量

注：D—设计桩径（mm）。

6 成品保护

6.0.1 水泥土搅拌桩施工完成后，现场不得随意堆放重物，以防止桩体变形。

6.0.2 基础开挖时，应制定合理的施工顺序和技术措施，防止损坏桩头。一般成桩4～6周以后才可以进行基坑开挖。

6.0.3 基坑开挖时，机械应开挖至桩顶标高500mm以上，剩余部分土体采用人工挖掘。

6.0.4 保护好现场定位桩和水准桩，以便校核桩位和桩顶标高。

7 注意事项

7.1 应注意的质量问题

7.1.1 施工前应检查搅拌机、供浆（或粉）泵、管路、接头和阀门的密封性、可靠性，管路长度不宜大于60m。

7.1.2 搅拌头翼片的枚数、宽度、与搅拌轴的垂直夹角、搅拌头的回转数、提升速度应相匹配，干法搅拌时钻头每转一圈的提升（或下沉）量宜为10～15mm，确保加固深度范围内土体的任何一点均能经过20次以上的搅拌。

7.1.3 施工中，应保持搅拌桩机底盘的水平和导向架的竖直，确保桩的垂直度和桩位满足要求。

7.1.4 施工中使用的水泥应过筛，泵送应连续进行。不得使用受潮或过期或不合格水泥。

7.1.5 喷浆（或喷粉）量及深度启示录仪应采用经国家计量部门论证的监

测仪进行自动记录。

7.1.6　在整个成桩过程中，钻机与供浆（粉）的操作工、记录员应密切配合，注意孔内喷浆（粉）情况，如发现异常立即调整。

7.1.7　严格控制钻进深度和提升速度，确保浆（粉）达到要求处理的深度和桩体的均匀度。

7.1.8　在施工过程中，如遇到大块孤石或漂石时，桩可适当移动位置，避免形成畸形桩或断桩。

7.1.9　壁状加固时，相邻桩的施工时间间隔不宜超过 12h。

7.2　应注意的安全问题

7.2.1　施工机械、电气设备等在确认完好后方准使用。

7.2.2　施工前应对搅拌桩机进行全面检查，泵送水泥浆前，管路应保持湿润，以利输浆。

7.2.3　施工后应对其管路进行清洗，以保证其正常使用。一旦发生故障，应停机排除故障。

7.2.4　输送管应在规定的压力范围内使用，施工中弯曲不得小于规定的弯曲半径，防止胶管破裂伤人。

7.2.5　施工前应进行技术和安全交底工作，司钻人员技能应熟练，并了解施工工艺。

7.3　应注意的绿色施工问题

7.3.1　水泥操作人员应戴口罩进行工作。

7.3.2　应采取水泥浆、水泥粉的防污染控制措施。

8　质量记录

8.0.1　测量放线记录。

8.0.2　水泥、外加剂及掺和料出厂合格证、质量检验报告及进场复验报告。

8.0.3　技术和安全交底。

8.0.4　水泥土搅拌桩施工记录。

8.0.5　检测报告（单桩和复合地基承载力特征值，如设计有要求时，还应有桩体强度检测报告）。

8.0.6　水泥土搅拌桩地基工程检验批质量验收记录。

8.0.7　水泥土搅拌桩地基分项工程质量验收记录。

8.0.8　桩位竣工图。

8.0.9　其他技术文件。

第12章 土、灰土挤密桩

本工艺标准适用于处理地下水位以上的粉土、黏性土、素填土、杂填土和湿陷性黄土地基，处理深度宜为3～15m。

当以消除地基土的湿陷性为主要目的时，宜选用土挤密桩法；当以提高地基的承载力或水稳性为主要目的时，宜选用灰土挤密桩法。

当地基土的含水量大于24%、饱和度大于65%时，应通过试验确定其适用性。

对于重要工程或缺乏经验的地区，施工前应按设计要求，在有代表性的地段进行现场试验。

1 引用文件

《建筑工程施工质量验收统一标准》GB 50300—2013；
《建筑地基工程施工质量验收标准》GB 50202—2018；
《建筑地基基础工程施工规范》GB 51004—2015；
《复合地基技术规范》GB/T 50783—2012；
《建筑地基处理技术规范》JGJ 79—2012。

2 术语

土或灰土挤密桩地基：指在原土中成孔后分层填以素土或灰土，并夯实，使填土压密，同时挤密周围土体，构成坚实的地基。

3 施工准备

3.1 作业条件

3.1.1 岩土工程勘察报告、基础施工图纸、施工组织设计应齐全。

3.1.2 进行地基土和桩孔填料的标准击实试验，确定最大干密度和最优含水量。

3.1.3 已进行成孔、夯填工艺和挤密效果试验，确定有关施工工艺参数（分层填料厚度、夯击次数和夯实后的干密度、打桩次序），并对试桩进行了测试，承载力及挤密效果等符合设计要求。

71

3.1.4 施工机具应由专人负责使用和维护，大、中型机械特殊机具需持证上岗，操作者须经培训后，持有效的合格证书方可操作。主要作业人员已经过安全培训，并接受了施工技术安全交底。

3.1.5 按桩孔平面布置清理地上和地下障碍物，场地已整平。对桩机运行的松软场地已进行预压处理，周围已做好有效的排水措施。

3.1.6 供水、供电、运输道路、现场小型临时设施已经设置就绪。土料和石灰尽量堆放在施工点附近，并采取防止日晒雨淋的措施。

3.1.7 雨期和冬期施工，应采取防雨或防冻措施，防止填料受雨水淋湿或冻结。

3.2　材料及机具

3.2.1 灰土填料：其消石灰与土的体积比，宜为 2∶8 或 3∶7。

3.2.2 土料：宜选用粉质黏土，土料中的有机质含量不应超过 5％，且不得有冻土和膨胀土，使用时应过 10～20mm 的筛。

3.2.3 石灰：可选用新鲜的消石灰或生石灰粉，其粒径不宜大于 5mm。石灰质量应检验合格，活性 $CaO+MgO$ 含量不低于 60％。

3.2.4 成孔机械：可选用振动沉管、锤击沉管、冲击钻孔机械，并有自动行走的装置。

3.2.5 夯实机械：可采用卷扬机提升式夯实机具或偏心轮夹杆式夯实机。

3.2.6 夯锤的直径应小于桩孔直径 90～120mm；夯锤重量不宜小于 100kg；同时锤底截面静压力不宜小于 20kPa。

3.2.7 辅助工具：装载机、筛土机、手推车、量斗、平锹等。

4　操作工艺

4.1　工艺流程

测设桩位 → 机械进场就位 → 土或灰土备料 → 成孔 → 夯填

4.2　测设桩位

4.2.1 根据基础轴线控制桩，定出各桩孔中心点，可用 ϕ20mm 钢钎插入土中 200mm，拔出后灌入石灰定点。

4.2.2 成孔和孔内夯填的施工顺序，当整片处理地基时，宜从里（或中间）向外间隔（1～2）孔依次进行，对于大型工程，可采取分段施工。

4.3　机械进场就位

首先做好场地平整压实，桩机就位必须稳定平衡，不得发生左右移动，前后倾斜，并始终保持与地面垂直。

4.4　土或灰土备料

4.4.1　灰土的配合比应符合设计要求。灰土应拌合均匀、颜色一致，灰土拌和后应及时回填夯实，不得隔夜使用。

4.4.2　填料的含水量应尽量接近其最优含水量，如含水量超过其最优含水量的±2％，可予以翻晒或增湿，为保证填料的适宜含水状态，在夏季和雨季应有防护措施。

4.5　成孔

4.5.1　当桩打到设计深度后，利用桩机滑轮系统将桩管徐徐拔出，如遇到拔管困难，可用少量的水沿管壁四周渗入，待孔壁周边表土软化，并与桩管摩擦力减小或把桩管旋转活动后，再继续拔出。

4.5.2　桩管拔出后，如发现桩孔局部有轻微缩颈或缩颈比较严重，可分别采用洛阳铲重新削扩桩径或向孔内填入干散砂土、生石灰等重新成孔。

4.5.3　成孔时，地基土宜接近最优含水量，当土的含水量低于 12％时，宜对拟处理范围内的土层进行增湿，应在地基处理前 4～6d 进行。

4.5.4　成孔速度过慢，可能是由于地基土的含水量偏低，可进行增湿，使含水量接近最优。如遇坚硬层，可强行穿越或清除后穿越。

4.6　夯填

4.6.1　夯实机就位后应保持平稳，夯锤对中桩孔，能自由落入孔底。

4.6.2　填料前应先夯实孔底至发出清脆声音为止。

4.6.3　人工填料时应指定专人，按规定数量均匀填进，不得盲目乱填，更不允许用料车直接倒入桩孔。

4.6.4　桩孔填夯高度宜超出基底设计标高 300～500mm，其上可用其他土料夯实至地面封顶。

4.6.5　桩顶设计标高以上的预留覆盖土层厚度，宜符合下列规定：

1　沉管成孔不小于 0.5m。

2　冲击成孔或钻孔夯扩法成孔不宜小于 1.2m。

4.6.6　桩孔填料应分层回填夯实，填料的平均压实系数 λ_c 不应小于 0.97，其中压实系数最小值不应低于 0.95。

4.6.7　为保证填夯施工质量，应对每一桩孔实际填料量、夯实时间和总夯击数进行记录。

5　质量标准

5.0.1　土和灰土挤密桩主控项目质量检验标准见表 12-1。

土和灰土挤密桩主控项目质量检验标准　　　　表 12-1

检查项目	允许偏差或允许值		检查方法
	单位	数值	
复合地基承载力	符合设计要求		静载试验
桩体填料平均压实系数	≥0.97		环刀法
桩长	不小于设计值		测桩管长度或用测绳测孔深

5.0.2 土和灰土挤密桩一般项目质量检验标准见表 12-2。

土和灰土挤密桩一般项目质量检验标准　　　　表 12-2

检查项目		允许偏差或允许值		检查方法
		单位	数值	
土料有机质含量			≤5%	灼烧减量法
含水量			最优含水量±2%	烘干法
石灰粒径		mm	≤5	筛析法
桩位	条形基础边桩轴线方向	mm	±D/4	全站仪或用钢尺量
	条形基础边桩垂直轴线	mm	±D/6	
	其他	mm	±2D/5	
成孔直径		mm	+50~0	尺量检查
桩顶标高		mm	±200	水准测量，最上部 500mm 劣质桩体不计入
垂直度			≤1%	用经纬仪测
砂、碎石褥垫层夯填度			≤0.9	水准测量
灰土垫层压实系数			≥0.95	环刀法
配合比		符合设计要求		现场检查

6 成品保护

6.0.1 施工现场要落实排水措施，场地不得积水，以免成桩后的灰土和挤密土软化，降低挤密效果，影响使用。

6.0.2 冬期施工期间完工的土桩或灰土挤密桩地基，表层应采用预留或覆盖松土层的措施保温，以免因冻融影响造成表层强度降低，影响使用效果。

6.0.3 施工结束后，应尽快检测验收，并进行基底垫层、基础施工。

7 注意事项

7.1 应注意的质量问题

7.1.1 在夯填过程中要掌握拌合料的含水量（最优含水量在±2%），不要过大或过小。

7.1.2　应严格掌握人工填料速度，施工中要严格按照试验确定的填料速度与夯击次数的关系进行施工。

7.1.3　冬期或雨期施工应防止土料和灰土受雨水淋湿或冻结。

7.2　应注意的安全问题

7.2.1　施工中，应严格遵守技术安全和劳动保护方面的有关规定．正式施工前，应作技术安全交底。

7.2.2　现场打桩机械和填桩机械施工时应与高压线路保持一定的安全距离。

7.2.3　考虑到打桩对相邻建筑物的振动影响，桩机和相邻建筑物要有一定距离。

7.2.4　机组人员，应佩戴安全帽和有色眼镜。桩机移动应保证安全平稳，回转灵活，制动有效。

7.2.5　地面施工所留桩孔，必须回填夯实，以免施工人员或行人失足跌入孔中。

7.2.6　雨期施工场地湿软时，要加铺脚手板。冬期施工，遇有霜雪应清扫干净，遇五级以上大风，宜暂时停止成桩作业。

7.2.7　打桩机及电焊机必须设接地零线。

7.3　应注意的绿色施工问题

7.3.1　现场拌灰时，应注意扬尘，运输道路要经常洒水。

7.3.2　施工现场维修或使用机械时，应有防滴漏措施。

7.3.3　在邻近居民区作业时，应严格按规定时间进行作业，并采取有效的措施防止噪声污染。

8　质量记录

8.0.1　测量放线记录。

8.0.2　素土、灰土试验报告。

8.0.3　土壤击实试验报告。

8.0.4　地基承载力检查报告。

8.0.5　灰土挤密桩施工记录。

8.0.6　灰土挤密桩检测报告。

8.0.7　地基隐蔽工程验收纪录。

8.0.8　土和灰土挤密桩地基工程检验批质量验收记录。

8.0.9　土和灰土挤密桩地基工程分项质量验收记录。

8.0.10　其他技术文件。

第13章 水泥粉煤灰碎石（CFG）桩

本标准适用于处理黏性土、粉土、砂土和自重固结已完成的素填土地基等的水泥粉煤灰碎石（CFG）桩地基工程。对淤泥质土应按当地经验或通过现场试验确定。

长螺旋钻孔灌注成桩适用于地下水位以上的黏性土、粉土、素填土、中等密实以上的砂土地基；长螺旋钻孔中心压灌成桩适用于黏性土、粉土、砂土和素填土地基，对噪声或泥浆污染要求严格的场地可优先选用；对含有卵石夹层场地，通过现场试验确定其适用性；振动沉管灌注成桩适用于粉土、黏性土、淤泥质土、砂土及人工填土，不适用岩石、砾石和密实的黏性土等。挤土造成地面隆起量大时，应采用较大桩距施工。

1 引用文件

《建筑工程施工质量验收统一标准》GB 50300—2013；
《建筑地基工程施工质量验收标准》GB 50202—2018；
《建筑地基基础工程施工规范》GB 51004—2015；
《复合地基技术规范》GB/T 50783—2012；
《建筑地基处理技术规范》JGJ 79—2012。

2 术语

2.0.1 水泥粉煤灰碎石（CFG）桩

用长螺旋钻机或沉管桩机成孔后，将水泥、粉煤灰、碎石混合搅拌后，泵压或经下料斗投入孔内，构成密实的桩体。

2.0.2 水泥粉煤灰碎石（CFG 桩复合地基）

由水泥、粉煤灰、碎石等混合料加水拌合在土中灌注形成竖向增强体的复合地基。

3 施工准备

3.1 作业条件

3.1.1 收集场地工程地质、水文地质资料，编制水泥粉煤灰碎石桩施工方案并按规定程序审批。在工程开工前，应按规定进行技术交底。

3.1.2　施工现场达到"三通一平"，对软弱地面进行碾压或夯实处理。

3.1.3　施工范围内的地上、地下障碍物应清理或改移完毕，不能改移的障碍物必须做标记，并有技术保护措施。

3.1.4　测设建筑场地水准控制点和建筑物轴线桩，测设桩位，做好标记，并由业主、监理复核。

3.1.5　确定施打顺序及桩机行走路线。

3.1.6　如采用现场自拌，则施工前应按设计要求由试验室进行配合比试验。如采用商品拌合料，应索要原材料的复检证明文件和出厂合格证。

3.1.7　试成孔应不少于 2 个，以复核地质资料以及设备、工艺等是否适宜，核定所选用的技术参数。

3.1.8　在施工机具上做好进尺标志。

3.1.9　机械操作人员应经过理论与实际施工操作的培训，并持证上岗。

3.2　材料及机具

3.2.1　水泥：宜用普通硅酸盐水泥或矿渣硅酸盐水泥，水泥进场应有出厂合格证，施工前应对所用水泥进行复检，检验内容包含初终凝时间、安定性和强度，必要时，应检验水泥的其他性能。

3.2.2　粉煤灰：宜用细度不大于 45% 的 Ⅱ 级或 Ⅲ 级粉煤灰，粉煤灰进场时应有出厂合格证，并有现场复检报告。

3.2.3　石子：宜用粒径为 5～40mm 坚硬的碎石或卵石，含泥量符合设计要求。

3.2.4　石屑：粒径为 2.5～5mm，含泥量符合设计要求。

3.2.5　砂：宜用中砂或粗砂，含泥量符合设计要求。

3.2.6　外加剂：采用泵送剂、早强剂、减水剂等，根据施工需要通过试验确定。

3.2.7　商品混合料：商品混凝土运至现场，检验其质量符合设计要求后，方可使用。

3.2.8　机具：长螺旋钻机、振动沉管桩机、洛阳铲（直径为 110～130mm）、强制式搅拌机、混凝土输送泵、混凝土泵管、振捣器、机动翻斗车、小推车、重锤、水准仪、经纬仪、测绳、钢尺等。

4　操作工艺

CFG 桩复合地基采用的施工方法有：长螺旋钻孔灌注成桩、长螺旋钻孔中心压灌灌注成桩、振动沉管灌注成桩。

4.1 长螺旋钻孔灌注成桩操作工艺

4.1.1 工艺流程

定桩位→钻机就位→钻孔→清底、夯实孔底→验孔→混合料搅拌→

灌注混合料→振捣密实→成桩验收

4.1.2 定桩位：放桩位时，用钢钎打入地下 200mm，灌入石灰做标记，经建设单位和监理单位验收后开钻。

4.1.3 钻机就位：钻机就位，必须平整、稳固，确保钻机在施工过程中不发生倾斜和偏移。在钻机双侧吊线坠，校正、调整钻杆的垂直度。为准确控制钻孔深度，在桩架上设置标尺，在施工中进行观测记录。在钻孔前应进行复检，钻头与桩位点偏差不得大于 20mm。

4.1.4 钻孔：桩位偏差检查符合要求后开钻。第一根桩进尺不可太快，以核对地层实际情况与地质报告是否一致，进而确定施工技术参数。开孔下钻速度应缓慢；钻进过程中，不宜反转或提升钻杆。

4.1.5 清底、夯实孔底：沉渣不得大于 100mm，并用不小于 35kg 的重锤将孔底夯实。如孔底出现少量地下水，可投入混凝土干料并将其夯实。

4.1.6 验孔：检查孔深及垂直度，填写隐蔽工程检查验收记录，并由监理签字。

4.1.7 混合料搅拌：如采用自拌，则施工前应按设计要求在试验室进行配合比试验；施工时，按确定的配合比配制混合料，控制好坍落度。

4.1.8 灌注混合料：采用导管泵送，桩顶标高宜高出设计桩顶标高不少于 0.5m。

4.1.9 振捣密实：边灌注边用插入式振捣器振捣密实。

4.1.10 成桩验收：检查桩位、桩垂直度、桩长等，填写 CFG 桩施工记录。

4.2 长螺旋钻孔中心压灌成桩操作工艺

4.2.1 工艺流程

定桩位→钻机就位→钻孔→混合料搅拌→压灌混合料→成桩验收

4.2.2 压灌混合料

1 钻至设计标高后，应先泵入混凝土并停顿 10～20s，再缓慢提升钻杆。提钻速度应根据土层情况确定，且应与混凝土泵送量相匹配，保证管内有一定高度的混凝土。桩身混凝土的泵送压灌应连续进行，当钻机移位时，混凝土泵料斗内的混凝土应连续搅拌，泵送混凝土时，料斗内混凝土的高度不得低于 400mm。

2 桩顶标高宜高出设计桩顶标高不少于 0.5m。

3 应根据桩径选择混凝土泵，混凝土输送泵管布置宜减少弯道，混凝土泵与钻机的距离不宜超过 60m。泵送管宜保持水平，当长距离泵送时，泵管下面应垫实。

4.2.3 其他同本标准的 4.1 条。

4.3 振动沉管灌注成桩操作工艺

4.3.1 工艺流程

定桩位 → 钻机就位 → 沉管 → 混合料搅拌 → 投料拔管 → 成桩验收

4.3.2 沉管：启动电机沉管，在沉管过程中每沉 1m 记录电流一次，并记录土层变化情况。

4.3.3 投料拔管

1 停机后立即向管内投料，直到混合料与进料口齐平。一般土层拔管速度宜为 1.2～1.5m/min，如遇淤泥质土，拔管速度应适当减慢。

2 拔管方法根据承载力的要求．可采用分别单打法，即一次拔管：拔管时，先振动 5～10s，再开始拔桩管，应边振边拔，每提升 0.5m 停拔，振 5～10s 后再拔管 0.5m，再振 5～10s，如此反复进行直至地面。拔管过程中严禁反插。混凝土施工时的坍落度宜为 160～220mm，成桩后桩顶浮浆厚度不宜超过 200mm。遇有松散饱和粉土、粉细砂或淤泥质土，当桩距较小时，宜采取隔桩跳打措施。

4.3.4 其他同本标准的 4.1 条。

5 质量标准

5.0.1 水泥粉煤灰碎石桩主控项目质量检验标准见表 13-1。

水泥粉煤灰碎石桩主控项目质量检验标准　　　　表 13-1

检查项目	允许偏差或允许值		检查方法
	单位	数值	
复合地基承载力	不小于设计值		静载试验
单桩承载力	不小于设计值		静载试验
桩长	不小于设计值		测桩管长度或用测绳测孔深
桩径	mm	+50 0	用钢尺量
桩身完整性	—		低应变检测
桩身强度	不小于设计要求		查 28d 试块强度

5.0.2 水泥粉煤灰碎石桩一般项目质量检验标准见表 13-2。

水泥粉煤灰碎石桩一般项目质量检验标准　　表 13-2

桩位	条基边桩轴线	mm	≤D/4	全站仪或用钢尺量，D 为设计桩径（mm）
	垂直轴线	mm	≤D/6	
	其他情况	mm	≤2D/5	
桩顶标高		mm	±200	水准测量，最上部 500mm 劣质桩体不计入
桩垂直度		%	≤1	用经纬仪测桩管
混合料坍落度		mm	160～220	坍落度仪
混合料充盈系数			≥1.0	实际灌注量与理论灌注量的比
褥垫层夯填度			≤0.9	水准测量

6　成品保护

6.1　桩头的保护

6.1.1　为了保证桩顶强度，桩顶的超灌高度不应小于 500mm。

6.1.2　桩体达到一定强度后（一般为桩体施工 3～7d 后），方可开挖。

6.1.3　对弃土和保护土层采用机械、人工联合清运，应避免机械设备超挖，并预留至少 200mm 用人工清除，防止造成桩头断裂和扰动桩间土层。

6.1.4　凿桩头时，用钢钎等工具沿桩周向桩中心逐次剔除多余的桩头直到设计桩顶标高，并把桩头找平。不可用重锤或重物横向击打桩体。

6.1.5　合理安排施工顺序，避免后续施工对已施工桩体造成破坏。

6.2　桩间土的保护

6.2.1　雨后钻机下应铺设方木，避免扰动地基土。

6.2.2　设计桩顶标高以上应预留 50～100mm 厚土层，待验槽合格后，方可由人工开挖至设计桩顶标高。

6.3　承载力的检验

检验宜在施工结束 28d 后进行，其桩身强度应满足试验荷载；复合地基静载荷试验的数量和单桩静载荷试验的数量不应少于总桩数的 1%，且每个单体工程的复合地基静载荷试验的试验数量不应少于 3 点。采用低应变动力试验检测桩身完整性，检查数量不低于总桩数的 10%。

7　注意事项

7.1　应注意的质量问题

7.1.1　泵压成桩工艺应控制提钻速度，选择合适的施工顺序，根据土层情况调整施工工艺。

7.1.2　应严格控制活瓣打开的宽度或提钻速度，防止混合料下落不充分使土与桩体材料混合，导致桩身掺土等缺陷。

7.1.3　长螺旋钻机钻进过程中，当遇到卡钻、钻机摇晃、偏斜或发生异常声响时，应立即停钻，查明原因，采取相应措施后方可作业。

7.2　应注意的安全问题

7.2.1　应做好孔口防护、防止人或异物坠入。

7.2.2　械设备的运转部位应有安全防护装置，电气设备安装操作应严格执行国家现行标准《施工现场临时用电安全技术规范》JGJ 46 的规定。

7.2.3　钻杆上的土应及时清理干净，防止坠下伤人。

7.2.4　严格执行安全操作规程，安全员负责安全教育和检查，有权制止不符合要求的操作。

7.2.5　机械设备运行时，特别是在制桩过程中，操作人员必须坚守岗位，夜间作业应有充分照明，登高作业要系安全带。

7.2.6　当气温高于 30℃时，要在输送泵管上覆盖隔热材料，每隔一段时间洒水降温。

7.3　应注意的绿色施工问题

7.3.1　防止水土流失及污染，做好临时流水槽进行导流，修建一些有足够泄水断面的临时排水渠道，并与永久性排水设施相连接，且不引起淤积和冲刷。

7.3.2　对施工时产生的废水要及时导流至监理允许流入的地点，严防施工废水流入农田、耕地、饮用水源、灌溉渠道，以充分保护水资源，并防止废水对沿线环境的污染。

7.3.3　采取措施，以防止噪声扰民、废气污染。

7.3.4　施工期间，应随时保持现场整洁，施工装备和材料、设备应妥善存放和储存，废料、垃圾和不再需要的临时设施应从现场清除、拆除并运走。竣工交验后，也要将装备、剩余材料、垃圾和各种临时设施清理，以保持整个现场及工程整洁。

8　质量记录

8.0.1　水泥、粉煤灰、砂、石子、外加剂等出厂合格证、质量检验报告及进场复验报告。

8.0.2　混合料配合比通知单。

8.0.3　测量放线记录。

8.0.4　CFG桩施工记录。

8.0.5　桩身质量检测报告。

8.0.6　地基承载力检测报告。

8.0.7　水泥粉煤灰碎石桩复合地基工程检验批质量验收记录。

8.0.8　其他技术文件。

第14章　夯实水泥土桩

本工艺标准适用于处理地下水位以上的粉土、黏性土、素填土和杂填土等地基，处理深度不宜大于15m。对于重要工程或缺乏经验的地区，施工前应按设计要求选择有条件有代表性的地段进行试验性施工。

1　引用文件

《建筑工程施工质量验收统一标准》GB 50300—2013；
《建筑地基工程施工质量验收标准》GB 50202—2018；
《建筑地基基础工程施工规范》GB 51004—2015；
《复合地基技术规范》GB/T 50783—2012；
《建筑地基处理技术规范》JGJ 79—2012。

2　术语

2.0.1　夯实水泥土桩：是用人工或机械成孔，选用土与水泥按一定配比，在孔外充分拌和均匀制成水泥土，分层向孔内回填并强力夯实，制成均匀的水泥土桩。

2.0.2　夯填度：指夯实后的褥垫层厚度与虚体厚度的比值。

3　施工准备

3.1　材料及机具

3.1.1　土料：土料宜选用黏性土、粉土、粉细砂或渣土，土料中有机质含量不得超过5％，且不得含有冻土或膨胀土，使用时应过10～20mm筛。

3.1.2　水泥：等级符合设计要求，宜用普通硅酸盐水泥和矿渣硅酸盐水泥。

3.1.3　混合料：混合料的配合比应根据工程要求、土料性质、施工工艺及采用的水泥品种、强度等级，由配合比试验确定，水泥与土的体积比宜取1∶5～1∶8。土料与水泥应采用机拌，且拌和均匀，水泥用量不得少于按配比试验确定的重量。混合料含水量应满足最优含水量要求，允许偏差为±2％。

3.1.4　垫层材料：可采用粗砂、中砂或碎石等，垫层材料最大粒径不宜大于20mm，褥垫层的夯填度不应大于0.9。

3.1.5 洛阳铲、长螺旋钻机、夯机、搅拌机、专用量具、机动翻斗车或手推车、铁锹。

3.2 作业条件

3.2.1 岩土工程勘察报告，基础施工图纸，施工组织设计齐全。

3.2.2 明确场地工程地质及水文地质资料，查明土层的厚度和组成、土的含水量、有机质含量和地下水水位埋深及水的腐蚀性等。

3.2.3 已进行成孔，夯填工艺试验，确定有关的施工工艺参数（分层填料厚度，夯击次数和夯实后的干密度，打桩次序）。

3.2.4 施工机具应由专人负责使用和维护，操作者须经培训后，持有效的合格证书，主要作业人员已经过安全培训，并接受了施工技术交底（作业指导书）。

3.2.5 建筑场地地面上，地下及高空所有障碍物清除完毕，现场符合"三通一平"的施工条件。

3.2.6 桩顶设计标高以上预留覆盖土层厚度不宜小于 0.3m。

4 操作工艺

4.1 工艺流程

| 桩位测放 | → | 钻机就位 | → | 钻进成孔 | → | 清理验孔 | → | 孔底夯实 | → | 混合料搅拌 | → |

| 夯填成桩 | → | 基坑开挖 | → | 桩头处理 | → | 褥垫层铺设 |

4.2 桩位测放

利用全站仪按照基础平面图测设轴线及桩位，将坐标一次性引至施工现场。桩位定位方法现场宜采用灌白灰点并插木质短棍表示，木质短棍入土深度不少于250mm。现场桩点位置经甲方和监理验收后方可进行下一道工序。

4.3 钻机就位

4.3.1 现场放线、抄平验收后，移动钻机至桩位，完成钻机就位。

4.3.2 钻机就位时，必须确保机身平稳，确保施工中不发生倾斜、位移。

4.3.3 使用双侧吊垂球的方法校正调整钻杆或夯锤垂直度，确保成孔垂直度容许偏差不大于 1.5%。

4.4 钻进成孔

4.4.1 夯实水泥土桩的施工，应按设计要求选择成桩工艺，挤土成孔可选用沉管、冲击等方法，排土成孔可选用洛阳铲、长螺旋钻等方法。

4.4.2 钻孔开始向下移动钻杆至钻头触及地面时，启动马达钻进。一般应先慢后快，这样既能减少钻杆摇晃，又容易检查钻孔的偏差，以便及时纠正。

4.4.3　成孔应根据地层情况，合理选择和调整钻进参数，控制进尺速度。

4.4.4　钻进的深度取决于设计桩长，当钻头到达设计桩长预定标高时，于动力头底面停留位置相应的钻机塔身处作醒目标记，作为施工时控制桩长的依据。

4.4.5　在成孔过程中，如发现钻杆摇晃或难钻时，应放慢进尺。

4.5　清孔验孔

4.5.1　检查成孔垂直度、检查孔壁有无缩颈等现象。

4.5.2　用测绳测量孔深、孔径，成孔深度、孔径应符合设计要求。

4.5.3　钻出的土应及时清运走，不能及时运出的，要保证堆土距孔口 0.5m 以外。

4.5.4　钻至设计孔深时，由质检员进行终孔验收，检验孔深是否满足设计要求，桩尖是否进入持力层设计的长度。

4.5.5　待成孔检查合格后，填好成孔施工记录，并移至下一桩位成孔。

4.6　孔底夯实

钻孔至设计深度后，采用夯机夯实，夯击次数可现场试验确定。判定标准为听到"砰砰"的清脆声为准。

4.7　混合料搅拌

土料中有机质含量不得超过 5%，不得含有冻土和膨胀土，使用时应过 10～20mm 筛，混合料含水量应满足土料的最优含水量，其允许偏差不得大于±2%，土料和水泥应拌和均匀，水泥用量不得少于按配比试验确定的重量。

现场用机械搅拌时，搅拌时间不应少于 1min，混合料搅拌后应在 2h 内用于成桩。

4.8　夯填成桩

4.8.1　夯填桩孔时，宜选用机械夯实。

4.8.2　填料的频率与落锤的频率应协调一致，并应均匀填料，分段夯实时，夯锤的落距和填料厚度应根据现场试验确定。桩体的平均压实系数不应小于 0.97，压实系数最小值不应低于 0.93。

4.8.3　当夯至桩顶标高时，多填 300～500mm 作为保护桩头，之后再填素土夯至地表，确保桩头质量。

4.9　基坑开挖

4.9.1　采用人工配合机械的方法清运预留的保护土层，不可对设计桩顶标高以下的桩体造成损害；

4.9.2　采用人工配合机械的方法清运预留的保护土层，不可扰动桩间土；

4.9.3　采用人工配合机械的方法清运预留的保护土层，不可破坏工作面的未施工的桩位。

4.10　桩头处理

4.10.1　找出桩顶标高位置，在同一水平面按同一角度对称放置 2 个或 4 个钢钎，用大锤同时击打，将桩头截断。

4.10.2　桩头截断后，用钢钎、手锤将桩顶从四周向中间修平至桩顶设计标高。

4.10.3　如果在基坑开挖或剔除桩头时造成桩体断至桩顶设计标高以下，则须用 M10 水泥砂浆补齐。

4.11　褥垫层铺设

虚铺完成后采用静力或动力压实至设计厚度，对较干的砂石材料，虚铺后可适当洒水再行碾压或夯实。夯填度不得大于 0.9。

5　质量标准

5.0.1　夯实水泥土桩主控项目质量检验标准见表 14-1。

夯实水泥土桩主控项目质量检验标准　　　　表 14-1

检查项目	允许偏差或允许值		检查方法
	单位	数值	
复合地基承载力	符合设计要求		静载试验
桩体填料平均压实系数	≥0.97		环刀法
桩长	不小于设计值		测绳测孔深度
桩身强度	不小于设计要求		28 天试块强度

5.0.2　夯实水泥土桩一般项目质量检验标准见表 14-2。

夯实水泥土桩一般项目质量检验标准　　　　表 14-2

检查项目		允许偏差或允许值		检查方法
		单位	数值	
土料有机质含量		≤5%		灼烧减量法
含水量		最优含水量±2%		烘干法
土料粒径		mm	≤20	筛析法
水泥质量		符合设计要求		查产品质量合格证书或抽样送检
桩位	条基边线沿轴线	mm	≤D/4	全站仪或钢尺量
	垂直轴线	mm	≤D/6	
	其他情况	mm	≤2D/5	
桩径		mm	0~-50	用钢尺量
桩顶标高		mm	±200	水准测量，最上部 500mm 劣质桩体不计入
桩孔垂直度		≤1%		用经纬仪测桩管
褥垫层夯填度		≤0.9		水准测量

6 成品保护

6.0.1 已施工完的夯实水泥土桩，避免铲车等大型车辆上去碾压，以免造成断桩，同时也易造成桩间土的扰动。清土时采用人工清除，手推车清运，不可用铲车清运。

6.0.2 施工顺序的选择应考虑对成品的保护，避免机械行走时碾压成品桩或桩孔，桩顶应留 100～200mm 厚保护桩长，垫层施工时应将多余桩体凿除。

6.0.3 冬期施工时，对已施工完的夯实水泥土桩及桩间土要用草帘或棉被盖好，避免受冻。

6.0.4 雨季防止雨水流入孔内，施工面不宜过大，按段逐片分项施工，重点做好材料防雨工作，设引水沟集水井。

7 注意事项

7.1 应注意的质量问题

7.1.1 填料时一定要分层填，分层夯，确保桩体密实。严禁用手推车或小翻斗车直接往孔内倒料。

7.1.2 雨期施工时，对已成孔未填料前，要及时覆盖，避免雨水灌入孔内造成坍塌。

7.1.3 桩顶夯填高度应大于设计桩顶标高 300mm，垫层施工时应将多余桩体凿除，桩顶面应水平。

7.1.4 施工过程中，应有专人监测成孔及回填夯实的质量，并做好施工记录。如发现地基土质与勘察资料不符时，应查明情况，采取有效处理措施。

7.1.5 处理桩头时，严禁用钢钎向斜下方向击打，或用一个钢钎单向击打桩身，或虽双向击打但不同时，以致桩头承受一定的弯矩，造成桩身断裂。

7.2 应注意的安全问题

7.2.1 钻机周围 5m 以内应无高压线路，作业区应有明显标志或围挡，严禁闲人入内。

7.2.2 卷扬机钢丝绳应经常处于润滑状态，防止干摩擦。

7.2.3 电缆尽量架空设置，钻机行走时一定要有专人提起电缆同行；不能架起的绝缘电缆通过道路时应采取保护措施，以免机械车辆压坏电缆，发生事故。

7.2.4 钻机启动前应将操作杆放在空挡位置，启动后应空档运转试验，检查仪表、制动等各项工作正常，方可作业。

7.2.5 在桩架上装拆维修机件进行高空作业时，必须系安全带。

7.2.6 已成的孔尚未填夯灰土前，应加盖板，以免人员或物件掉入孔内。

7.2.7 若遇机架晃动、移动、偏斜或钻头有节奏声响时，应立即停止施工，经处理后方可继续施工。

7.2.8 钻机安装前应详细检查各部件，安装后钻杆中心线偏斜应小于全长的 1%，10m 以上的钻杆不得在地面上一次接好吊起安装。

7.2.9 遇有大雨、雪、雾和 6 级以上大风等恶劣天气时应停止作业。

7.3　应注意的绿色施工问题

7.3.1 水泥和其他易飞扬的细颗粒散体材料应在库内存放或严密遮盖。

7.3.2 运输易飞扬的颗粒散体材料或渣土时，必须封闭、包扎、覆盖，不得沿途泄露、遗洒，卸运时应采取有效措施，以防扬尘。

7.3.3 施工现场制定洒水降尘措施，配备洒水器具，指定专人负责现场洒水降尘和及时清理浮土。

7.3.4 夜间施工时，宜将钻机安排在远离居民区的一面施工，最大限度地减少扰民。

8　质量记录

8.0.1 夯实水泥土桩施工记录。

8.0.2 水泥出厂合格证及进场复验记录。

8.0.3 水泥土混合料配合比和检验记录。

8.0.4 地基承载力检测报告。

8.0.5 夯实水泥土桩桩体质量检测报告。

8.0.6 夯实水泥土桩地基工程检验批质量验收记录。

8.0.7 夯实水泥土桩地基工程分项质量验收记录。

8.0.8 其他技术文件。

第2篇 基　　础

第15章　砖砌体基础

本工艺标准适用于工业与民用建筑中砖基础砌筑工程，且砌体施工质量控制等级为 B 级及其以上。

1　引用标准

《建筑工程施工质量验收统一标准》GB 50300—2013；
《建筑地基工程施工质量验收标准》GB 50202—2018；
《建筑地基基础工程施工规范》GB 51004—2015；
《砌体结构工程施工规范》GB 50924—2014；
《砌体结构工程施工质量验收规范》GB 50203—2011。

2　术语（略）

3　施工准备

3.1　作业条件

3.1.1　砖砌体基础工程施工前，应编写施工方案，并按方案进行技术交底。

3.1.2　基槽：混凝土或灰土垫层均已完成，并办理好隐检手续。

3.1.3　已弹出基础轴线及墙身线，立好皮数杆，皮数杆的间距以不宜大于 15m，转角处均应设立。

3.1.4　砂浆配合比已经由试验室试配确定，现场准备好所用材料和砂浆试模（6块一组）。

3.1.5　框架及剪力墙的混凝土基础已施工，需作填充处的垫层或地梁已浇完毕。

3.1.6　砖基础砌筑前必须用钢尺复核放线尺寸，复查无误或在允许偏差范围内方可砌筑，并办理验槽手续。

3.2　材料及机具

3.2.1　砖：品种、强度等级必须符合设计要求，并应规格一致，有出厂合格证和复试报告。

3.2.2　水泥：宜选用 32.5 级普通硅酸盐水泥或矿渣硅酸盐水泥，有出厂合格证和复试报告方可使用。水泥出厂日期超过 3 个月、快硬硅酸盐水泥超过 1 个月时，应复查试验确定其强度等级。不同品种的水泥不得混合使用。

3.2.3　砂：宜选用中砂，使用前过 5mm 孔径的筛，并不得含有草根等有害杂物。配制水泥砂浆时，砂的含泥量不应超过 5％。

3.2.4　水：应采用自来水或不含有害物质的洁净水。

3.2.5　其他材料：拉结筋、预埋件、防水粉等应符合设计要求。

3.2.6　砖砌体工程使用的预拌砂浆应符合设计要求及国家现行标准《预拌砂浆》GB/T 25181 和《预拌砂浆应用技术规程》JGJ/T 223 的规定。

3.2.7　机具：砂浆搅拌机、台秤、瓦刀、大铲、托线板、灰槽、线坠、钢卷尺、八字靠尺板、水平尺、皮数杆、小白线、砖夹子、扫帚、5mm 孔径筛子、铁锹、运灰车、运砖车。

4　操作工艺

4.1　工艺流程

砖浇水 → 基层找平 → 定组砌方法 → 排砖摆底 → 砂浆搅拌 → 砌筑 →

试验 → 抹防潮层

4.2　砖浇水

常温施工时，黏土砖应在砌筑前 1～2 天浇水湿润，一般以水浸入砖四个面各 15～20mm 为宜；冬期施工可适当增加砂浆稠度，不再浇水；雨期施工不得用含水率达到饱和状态的砖。

4.3　基层找平

根据皮数杆最下面一层砖的标高，拉线检查基础垫层表面标高，如第一层砖的水平灰缝大于 20mm 时，应用细石混凝土找平，不得用砂浆或砍砖找平，更不允许用两侧塞砖，中间补心的方法。

4.4　定组砌方法

4.4.1　一般采用满丁满条排砖法，竖缝要错开，里外应咬槎。

4.4.2　砌筑采用"三一"砌砖法（即一铲灰、一块砖、一挤揉），严禁用水冲砂浆灌缝的方法。

4.5　排砖摆底

4.5.1　基础大放脚的摆底尺寸及收退方法必须符合设计要求。如是一皮一收，里外均应砌丁砖；如是两皮一收，第一皮砌条砖，第二皮砌丁砖。

4.5.2 大放脚的转角处，应按规定放七分头，其数量为一砖厚墙放两块，一砖半厚墙放三块，依此类推。

4.6 砂浆搅拌应采用预拌砂浆，如现场搅拌时应满足：

4.6.1 砂浆应采用重量比并应严格计量，其精度为：水泥±2%，砂±5%，水±2%。

4.6.2 砂浆应采用机械搅拌，投料顺序应为砂→水泥→水，搅拌时间自投料完毕算起，不得少于2min。

4.6.3 砂浆应随拌随用，一般水泥砂浆应在拌成后3h内用完；当施工环境温度超过30℃时，应在2h内用完；不得使用过夜砂浆。

4.7 砌筑

4.7.1 砖基础砌筑前，基层表面应清扫干净，洒水湿润。如遇高低错台基础，应从最低处往上砌筑，并经常拉线检查，保持砌体平直通顺。当设计无具体要求时，高处向低处搭接长度不应小于基础底的高差，搭接长度范围内下层基础应扩大砌筑。

4.7.2 砌基础墙应对照皮数杆先砌转角及内外墙交接处部分砖，随砌随靠平吊直，并应挂线控制水平度，每次砌筑高度不应超过5皮砖，检查无误后，在其间拉线砌中间部分。无论是240墙还是370墙均应双面挂线。

4.7.3 基础大放脚砌至墙身时，应拉线检查轴线及边线，确保基础墙身位置准确；当砖层及标高出现高低差时，应以水平灰缝逐层调整，使墙体的层数与皮数杆一致。

4.7.4 内外墙基础应同时砌筑，如不能同时砌筑时，应留置斜槎，斜槎的长度不应小于高度的2/3。

4.7.5 基础墙上承托靠墙管沟盖板的挑砖及其上一层压砖，均应用丁砖砌筑；竖缝砂浆要严实饱满，挑出砖层面标高必须符合设计要求。

4.7.6 基础墙上的预留孔洞、埋件及接槎的拉结筋，均应按设计标高、位置或会审变更要求留置准确，避免事后凿墙打洞，影响墙体结构受力性能。

4.7.7 管沟和预留洞口的过梁，其标高、尺寸必须安装准确，坐浆严实，如坐浆厚度超过20mm时，采用细石混凝土找平。

4.7.8 凡设有构造柱的工程，在砌砖前，根据设计图纸弹出构造柱位置线，并把构造柱插筋处理顺直。与构造柱连结处砌成马牙槎，马牙槎应先退后进，每个马牙槎沿高度方向的尺寸不宜超过五皮砖，拉结筋按设计要求设置，无要求时，一般沿墙高500mm设置水平拉结筋，每120mm墙厚放置1根$\phi6$拉结钢筋，240mm厚墙应放置2根$\phi6$拉结钢筋，每边伸入墙内不应小于600mm（非抗震区）、1000mm（抗震区）。

4.8 试验

砂浆应按规定做稠度试验和强度试块，砂浆试样在搅拌机出料口或在湿拌砂浆的储存容器出料口随机取样制作，每组试样应在同一搅拌盘砂浆中制作。同一搅拌盘内砂浆不得制作一组以上的砂浆试块。湿拌砂浆稠度应在进场时取样检验。

每一检验批且不超过 250m³ 砌体中，每台搅拌机同一类型及强度等级砂浆应至少检验一次，如强度等级、配合比或原材料有变化时，还应制作试块。

4.9 抹防潮层

4.9.1 将墙顶活动砖重新砌好，清扫干净，浇水湿润，随即抹防水砂浆防潮层，设计无规定时，一般厚度为 15～20mm 厚 1：2.5 水泥砂浆，加防水剂铺设，防水粉掺量为水泥重量的 3％～5％。

4.9.2 当室内地面垫层为不透水层时（如混凝土），通常在－0.06m 标高处处设置。而且至少高于室外地坪 150mm，以防雨水溅湿墙身。

4.9.3 当室内地面垫层为透水层（如碎石，炉渣等）时，通常设置在＋0.06m 标高处。

4.9.4 当两相邻房间之间室内地面有高差时，应在墙身内设置高低两道水平防潮层，并在靠土壤一层设置垂直防潮层。

5 质量标准

5.1 主控项目

5.1.1 砖和砂浆的强度等级必须符合设计要求。

5.1.2 砌体灰缝砂浆应密实饱满，砖墙水平灰缝的砂浆饱满度不得低于80％；砖柱水平灰缝和竖向灰缝饱满度不得低于90％。

5.1.3 砖砌体的转角处和交接处应同时砌筑，严禁无可靠措施的内外墙分砌施工。在抗震设防烈度为 8 度及 8 度以上地区，对不能同时砌筑而又必须留置的临时间断处应砌成斜槎，普通砖砌体斜槎水平投影长度不应小于高度的 2/3，斜槎高度不得超过一步脚手架的高度。

5.1.4 非抗震设防及抗震设防裂度为 6 度、7 度地区的临时间断处，当不能留斜槎时，除转角处外，可留直槎，但直槎必须做成凸槎。且应加设拉结筋，拉结筋的数量为每 120mm 墙厚放置 1Φ6 拉结钢筋（120mm 厚墙放置 2Φ6 拉结钢筋），间距沿墙高不应超过 500mm，且竖向间距偏差不应超过 100mm；埋入长度从留槎处算起每边均不应小于 500mm，对抗震设防裂度 6 度、7 度的地区，不应小于 1000mm；末端应有 90°弯钩。

5.2　一般项目

5.2.1　砖砌体组砌方法应正确，内外搭砌，上、下错缝。混水墙中不得有长度大于 300mm 的通缝，长度 200～300mm 的通缝每间不超过 3 处，且不得位于同一面墙体上。砖柱不得采用包心砌法。

5.2.2　砖砌体的灰缝应横平竖直，厚薄均匀。水平灰缝厚度及竖向灰缝宽度宜为 10mm，但不应小于 8mm，也不应大于 12mm。

5.2.3　砖砌体尺寸、位置的允许偏差应符合表 15-1 的规定。

砖砌体尺寸、位置的允许偏差（mm）及检验方法　　　　　表 15-1

序号	项目	允许偏差	检验方法
1	轴线位移	10	用经纬仪和尺或用其他测量仪器检查
2	基础顶面标高	±15	用水准仪和尺检查
3	垂直度	5	用 2m 托线板检查
4	表面平整度	8	用 2m 靠尺和楔形塞尺检查
5	水平灰缝平直度	10	拉 5m 线和尺检查

6　成品保护

6.0.1　基础墙砌筑完成后，在有关人员复查前，应加强对轴线桩、水平桩的保护。

6.0.2　基础墙体两侧回填土方应同时进行，否则要在未回填土方的一侧设支撑加固。管沟墙内侧应加垫板支撑牢固，防止回填土将墙挤歪挤裂。

6.0.3　外露和预埋在基础里的各种管线及其他预埋件，应注意保护，不得碰撞损坏。

7　注意事项

7.1　应注意的质量问题

7.1.1　散装水泥和砂要逐车过秤，计量准确；砂浆搅拌应均匀，搅拌时间达到规定的要求。

7.1.2　抄平放线时要认真细致，承托皮数杆的木桩应防止碰撞松动；皮数杆竖立完成后，应进行水平标高的复验。

7.1.3　基础大放角两边收退要均匀，砌至基础墙身时必须拉准线校正墙轴线和边线，砌筑时保持墙身的垂直度。

7.1.4　盘角时灰缝要掌握均匀，每皮砖应与皮数杆对平；通准线时防止一层线松，一层线紧；砌体留槎处衔接不能高低不平。

7.1.5　埋入砌体中的拉结筋应按皮数杆标准放置正确、平直，其外露部分在施工中不得任意弯折。

7.1.6　湿拌砂浆宜采用专用搅拌车运输，除直接使用时，应储存在不吸水的专用容器内，并根据不同季节采取遮阳、保温和防雨、雪措施。

7.2　应注意的安全问题

7.2.1　停放机械场地的土质要坚实，雨期施工应有排水措施，防止地面下沉造成机械倾斜。

7.2.2　施工前必须检查操作环境是否符合安全要求，道路是否畅通，机具是否完好牢固，安全设施是否齐全，经检查符合要求后方可施工。

7.2.3　砍砖应面向内侧，防止碎砖跳出伤人。

7.2.4　禁止用手抛砖，人工传递时应稳递稳接。

7.2.5　基坑四周应设防护栏杆，防止人员坠落。当基础边有交通道路时应设红灯示警。

7.2.6　槽壁两侧 1m 内不得堆放土方和材料。当土方有塌方迹象时应及时加固。砌筑深基础时应有上下人坡道，不得站在墙上砌筑，防止踏空跌落。

7.3　应注意的绿色施工问题

7.3.1　施工现场应制定砌体结构工程施工的环境保护措施，并应选择清洁环保的作业方式，减少对周边地区的环境影响。

7.3.2　施工现场拌制砂浆及混凝土时，搅拌机应有防风、隔声的封闭围护设施，并宜安装除尘装置，其噪声限值应符合国家有关规定。

7.3.3　水泥、粉煤灰、外加剂等应存放在防潮且不易扬尘的专用库房。露天堆放的砂、石、水泥、粉状外加剂、石灰等材料，应进行覆盖。

7.3.4　对施工现场道路、材料堆场地面宜进行硬化，并应经常洒水清扫，场地应清洁。

7.3.5　运输车辆应无遗撒，驶出工地前宜清洗车轮。

7.3.6　在砂浆搅拌、运输、使用过程中，遗漏的砂浆应回收处理。砂浆搅拌及清洗机械所产生的污水，应经过沉淀池沉淀后排放。

7.3.7　施工过程中，应采取建筑垃圾减量化措施。作业区域垃圾应当天清理完毕，施工过程中产生的建筑垃圾，应进行分类处理。

7.3.8　不可循环使用的建筑垃圾，应收集到现场封闭式垃圾站，并应清运至有关部门指定的地点。可循环使用的建筑垃圾，应回收再利用。

7.3.9　机械、车辆检修和更换油品时，应防止油品洒漏在地面或渗入土壤。废油应回收，不得将废油直接排入下水管道。

7.3.10 切割作业区域的机械应进行封闭围护，减少扬尘和噪声排放。

8 质量记录

8.0.1 砌体施工质量控制等级确认记录。

8.0.2 砖、水泥、钢筋、砂、预拌砂浆等材料合格证书、产品性能检测报告。

8.0.3 有机塑化剂砌体强度型式检验报告。

8.0.4 砂浆配合比通知单。

8.0.5 砂浆试件抗压强度试验报告。

8.0.6 隐蔽工程检查验收记录。

8.0.7 施工记录。

8.0.8 砖砌体工程检验批质量验收记录。

8.0.9 砖砌体分项工程质量验收记录。

8.0.10 其他技术文件。

第16章 毛 石 基 础

本工艺标准适用于工业与民用建筑工程采用毛石基础砌体工程。

1 引用标准

《建筑工程施工质量验收统一标准》GB 50300—2013；
《建筑地基工程施工质量验收标准》GB 50202—2018；
《建筑地基基础工程施工规范》GB 51004—2015；
《砌体结构工程施工规范》GB 50924—2014；
《砌体结构工程施工质量验收规范》GB 50203—2011。

2 术语（略）

3 施工准备

3.1 作业条件

3.1.1 毛石基础施工前应编写施工方案，并进行技术交底。

3.1.2 基槽：土方已完成，并办完隐检手续。

3.1.3 已放好基础轴线及边线；因毛石基础不能用皮数杆，根据基础截面形状，做台阶形砌筑挂线架（一般间距 15～20m，转角处均应设立），以此作为砌石依据，并办完预检手续。

3.1.4 基槽应清理干净，表面不能有浮土。

3.1.5 砂浆配合比已经试验室确定，现场准备好砂浆试模（6 块为一组）。

3.2 材料及机具

3.2.1 石料：其品种、规格、颜色必须符合设计要求和有关施工规范的规定。毛石应呈块状，其中部厚度不宜小于 150mm。风化石严禁使用。

3.2.2 砂：宜用粗、中砂。配制小于 M5 的砂浆，砂的含泥量不得超过 10%；等于或大于 M5 的砂浆，砂的含泥量不得超过 5%，不得含有草根等杂物。

3.2.3 水泥：宜选用 32.5 级的普通硅酸盐水泥或矿渣硅酸盐水泥，有出厂证明及复试单。如出厂日期超过 3 个月，应按复验结果使用。

3.2.4 水：应采用自来水或不含有害物质的洁净水。

3.2.5 其他材料：拉结筋，预埋件应做好防腐处理。

3.2.6 机具：应备有砂浆搅拌机、台秤、筛子、铁锹、小手锤、大铲、托线板、线坠、水平尺、钢卷尺、小白线、半截大桶、扫帚、工具袋、手推车、挂线架。

4 操作工艺

4.1 工艺流程

$$\boxed{砌筑方法} \rightarrow \boxed{砂浆拌制} \rightarrow \boxed{毛石砌筑}$$

4.2 组砌方法

砌筑前，应对弹好的线进行复查，位置、尺寸应符合设计要求，根据进场石料的规格、尺寸进行试排、摆底，确定组砌方法。

4.3 砂浆拌制

4.3.1 砂浆配合比应用重量比，水泥计量精度在±2％以内，砂，掺合料为±3％以内。

4.3.2 宜用机械搅拌，投料顺序为砂—水泥—掺合料—水，搅拌时间应符合下列规定：水泥砂浆和水泥混合砂浆不少于 2min；水泥粉煤灰砂浆和掺用外加剂的砂浆不少于 3min；掺用有机塑化剂的砂浆应为 3～5min。

4.3.3 砂浆应随拌随用，一般水泥砂浆和水泥混合砂浆须在拌成后 3h 和 4h 内使用完，不允许使用过夜砂浆。当施工气温最高超过 30℃时，应分别在拌成后 2h 和 3h 内使用完毕。

4.3.4 基础按一个检验批，且不超过 250m³ 砌体的各种砂浆，每台搅拌机至少做一组试块（6 块一组），如砂浆强度等级或配合比变更时，还应制作试块。

4.4 毛石砌筑

4.4.1 毛石基础第一皮石块及转角处、交接处、洞口处应采用较大的平毛石坐浆，并将大面朝下，最上面一皮宜选较大的毛石砌筑。阶梯形毛石基础的上部阶梯的石块应至少压砌下级阶梯的 1/2，相邻阶梯的毛石应相互错缝搭砌。

4.4.2 毛石基础水平灰缝厚度不宜大于 40mm，大石缝中，应先向缝内填灌砂浆并捣实，再用小石子、石片塞入其中，轻轻敲实。砌筑时，上下皮石间一定要用拉结石，把内外层石块拉接成整体，拉结石应均匀分布，相互错开毛石基础同皮宜每隔 2m 设置一块。当基础宽度不大于 400mm 时，拉结石长度应与基础宽度相同；当基础宽度大于 400mm 时，可用两块拉结石内外搭接，搭接长度不应小于 150mm，且其中一块的长度不应小于基础宽度的 2/3。

4.4.3 基础石墙长度超过设计规定时，应按设计要求设置变形缝，分段砌筑时，其砌筑高低差不得超过 1.2m。

4.4.4　毛石基础砌筑时应拉垂线和水平线。

4.4.5　毛石基础的转角处和交接处要同时砌筑，如不能同时砌筑，则应留成大踏步磋。当大放脚收台结束，需砌正墙时，该台阶面要用水泥砂浆和小石块大致找平，便于上面正墙的砌筑。

4.4.6　基础石墙每砌 3～4 皮为一个分层高度，每个分层度高应找平一次；外露面的灰缝厚度不得大于 40mm，两个分层高度间分层处的错缝不得小于 80mm。

5　质量标准

5.1　主控项目

5.1.1　石材及砂浆强度等级必须符合设计要求。

抽检数量：同一产地的同类石材抽检不应少于一组。砂浆试块的抽检数量执行规范的有关规定。

检验方法：料石检查产品质量证明书，石材、砂浆检查试块试验报告。

5.1.2　砌体灰缝的砂浆饱满度不应小于 80%。

抽检数量：每检验批抽查不应少于 5 处。

检验方法：观察检查。

5.2　一般项目

5.2.1　石砌体尺寸、位置的允许偏差及检验方法应符合表 16-1 的规定。

石砌体尺寸、位置的允许偏差及检验方法　　　　表 16-1

项次	项目	允许偏差（mm） 毛石砌体基础	检验方法
1	轴线位置	20	用经纬仪和尺检查，或用其他测量仪器检查
2	基础砌体顶面标高	±25	用水准仪和尺检查
3	砌体厚度	+30	用尺检查

5.2.2　石砌体的组砌形式应符合下列规定：

① 内外搭砌，上下错缝，拉结石、丁砌石交错设置；

② 毛石墙拉结石每 0.7m² 墙面不应少于 1 块。

检验方法：观察检查。

6　成品保护

6.0.1　毛石基础砌筑完后，未经有关人员检查验收，轴线桩、水准桩、砌筑挂线架应加以保护,不得碰坏、拆除。

6.0.2 毛石基础中埋设的构造筋应注意保护,不得随意踩倒弯折。

6.0.3 毛石基础中预留洞应事先留出,禁止事后敲凿。

7 注意事项

7.1 应注意的质量问题

7.1.1 砂浆强度不稳定:材料计量要准确,搅拌时间要达到规定要求。试块的制作、养护、试压要符合规定。

7.1.2 水平灰缝不直:挂线架应立牢固,标高一致,砌筑时小线要拉紧,穿平墙面,砌筑跟线。

7.1.3 毛石质量不符合要求:对进场的毛石品种、规格、颜色验收时要严格把关。不符合要求的拒收、不用。

7.1.4 勾缝粗糙:应认真操作,灰缝深度一致,横竖缝交接平整,表面洁净。

7.1.5 当采用内外搭砌时,不得采用外面侧立石块,中间填心的砌筑方法。

7.2 应注意的安全问题

7.2.1 施工前必须检查操作环境是否符合安全要求,道路是否畅通,机具是否完好牢固,安全设施是否齐全,经检查符合要求后方可施工。

7.2.2 禁止用手抛石,人工传递时应稳递稳接。

7.2.3 基坑四周应设防护栏杆,防止人员坠落。当基础边有交通道路时应设红灯示警。

7.2.4 槽壁两侧 1m 内不得堆放土方和材料。当土方有塌方迹象时应及时加固。砌筑深基础时应有上下人坡道,不得站在墙上砌筑,防止踏空跌落。

7.3 应注意的绿色施工问题

7.3.1 施工现场应制定石砌体结构工程施工的环境保护措施,减少对周边地区的环境影响。

7.3.2 施工现场拌制砂浆及混凝土时,搅拌机应有防风、隔声的封闭围护设施,并宜安装除尘装置,其噪声限值应符合国家有关规定。

7.3.3 水泥、粉煤灰、外加剂等应存放在防潮且不易扬尘的专用库房。露天堆放的砂、石、水泥、粉状外加剂、石灰等材料,应进行覆盖。

7.3.4 对施工现场道路、材料堆场地面宜进行硬化,并应经常洒水清扫,场地应清洁。

7.3.5 运输车辆应无遗撒,驶出工地前宜清洗车轮。

7.3.6 在砂浆搅拌、运输、使用过程中,遗漏的砂浆应回收处理。砂浆搅拌及清洗机械所产生的污水，应经过沉淀池沉淀后排放。

7.3.7　施工过程中，应采取建筑垃圾减量化措施。作业区域垃圾应当天清理完毕，施工过程中产生的建筑垃圾，应进行分类处理。

7.3.8　不可循环使用的建筑垃圾，应收集到现场封闭式垃圾站，并应清运至有关部门指定的地点。可循环使用的建筑垃圾，应回收再利用。

7.3.9　机械、车辆检修和更换油品时，应防止油品洒漏在地面或渗入土壤。废油应回收，不得将废油直接排入下水管道。

7.3.10　切割作业区域的机械应进行封闭围护，减少扬尘和噪声排放。

8　质量记录

8.0.1　材料（毛石、水泥、砂等）出厂合格证及复试报告。

8.0.2　砂浆配合比通知单。

8.0.3　砂浆试块试验报告。

8.0.4　隐检、预检记录。

8.0.5　施工记录。

8.0.6　毛石砌体工程检验批质量验收记录。

8.0.7　毛石砌体工程分项质量验收记录。

8.0.8　其他技术文件。

第17章　钢筋混凝土独立柱基础

本工艺标准适用于建筑工程中现浇钢筋混凝土柱、预制钢筋混凝土柱和钢柱混凝土基础施工。

1　引用标准

《建筑工程施工质量验收统一标准》GB 50300—2013；

《建筑地基工程施工质量验收标准》GB 50202—2018；

《建筑地基基础工程施工规范》GB 51004—2015；

《混凝土结构工程施工规范》GB 50666—2011；

《混凝土结构工程施工质量验收规范》GB 50204—2015。

2　术语（略）

3　施工准备

3.1　作业条件

3.1.1　独立柱基础工程施工前应编写施工方案，并进行安全技术交底。

3.1.2　地基验槽合格并办理完地基验槽隐检手续。

3.1.3　办理完基槽验线手续。

3.1.4　按照已制定的降水、排水方案，降排水措施已经落实并保持基底干燥。

3.1.5　所需钢筋、模板已按要求的规格数量备齐，模板、钢筋、混凝土机械已安装就位并经过调试。浇筑混凝土用的脚手架等已搭设完毕。

3.1.6　有混凝土配合比通知单，已准备好试验用的工具和器具。

3.1.7　按照施工方案，做好技术交底、测量放线。

3.2　材料及机具

3.2.1　钢筋：钢筋的级别、规格必须符合设计要求，质量符合现行标准的要求。

3.2.2　模板：可用组合钢模板或木模板。木模所用的木质材质不宜低于三等材，不得采用有脆性、严重扭曲和受潮后容易变形的木材。木模板的厚度一般在 20～30mm。

3.2.3　辅助材料：铁丝（可采用 20 号～22 号铁丝或镀锌铁丝），钉子。

3.2.4　隔离剂：水质隔离剂。

3.2.5 水泥：水泥品种一般采用 42.5 级普通硅酸盐水泥，有出厂合格证、复验报告。

3.2.6 砂子、石子：根据结构尺寸、钢筋间距、混凝土施工工艺、混凝土强度等级的要求确定石子的粒径、砂子细度。砂石质量应符合现行标准。

3.2.7 水：应采用自来水或不含有害物质的洁净水。

3.2.8 外加剂：外加剂的质量及应用技术应符合有关标准和环境保护的规定。

3.2.9 掺合物：粉煤灰等，质量应符合现行规定。

3.2.10 机具设备

1 模板机具：圆锯、手锯、压刨、电钻、钉锤、大锤、水平尺、钢尺等。

2 混凝土施工机具：混凝土搅拌机、皮带输送机及其配套计量设备、混凝土泵、插入式和平板式振捣器、自卸翻斗汽车、散装水泥罐车、铁板、胶皮管、串桶或溜槽、储料斗、水桶、大小平锹、抹子、刮杠、胶皮手套等。

3 钢筋加工和绑扎机具：钢筋调直机、钢筋切断机、钢筋弯曲成型机，钢筋钩子、钢丝刷子、扳子、粉笔、尺子等。

4　操作工艺

4.1　工艺流程

清理和混凝土垫层施工 → 弹线 → 绑扎钢筋 → 相关专业预埋施工 → 支立模板 → 清理 → 混凝土现场搅拌或定好预拌混凝土 → 混凝土浇筑 → 混凝土振捣 → 混凝土养护 → 模板拆除 → 基础顶面结构细部处理和维护

4.2　清理和混凝土垫层施工

地基验槽完成后，清除表层浮土及扰动土，不留积水，立即进行垫层混凝土施工，严禁晾基土并防止地基土被扰动。垫层混凝土必须捣密实，表面平整。

4.3　弹线

在垫层混凝土上准确测设出基础中心和基础轴线。依此，划出基础模板边线和基础底层钢筋位置线。一般是按图纸标明的底层钢筋根数和钢筋间距，主靠近模板边的那根钢筋离模板边为 50mm，并依次弹出钢筋位置线。

4.4　绑扎钢筋

4.4.1 垫层混凝十强度达到 1.2MPa 后，即可开始绑扎钢筋。

4.4.2 按弹出的钢筋位置线，先铺下层钢筋，一般情况下，先铺短向钢筋，再铺长向钢筋。

4.4.3 钢筋绑扎可采用顺扣或八字扣，顺扣应交错变换方向，保证绑好钢筋不位移。必须将钢筋交叉点全部绑扎，不得漏扣。

4.4.4 摆放钢筋保护层用的砂浆垫块或塑料垫块，垫块厚度等于保护层厚度，按 1m 左右间距梅花型布置。垫块不能太稀以防漏筋。

4.4.5 若为双层钢筋时，绑完下层钢筋后接绑上层钢筋。先摆放钢筋马凳或钢筋支架（间距以 1m 左右为宜），在马凳上摆放纵横两个方向的钢筋，并按设计图纸插绑竖向钢筋。上层钢筋的上下顺序及绑扣方法与下层钢筋相同。

4.4.6 钢筋接头：如采用绑扎接头，钢筋的搭接长度及搭接位置应符合现行国家标准《混凝土结构工程施工质量验收规范》GB 50204 的规定，钢筋搭接处应用铁丝在中心及两端绑牢。如采用焊接接头，应按焊接规程规定抽取试样做试验。

4.4.7 当独立基础之上为现浇钢筋混凝土柱时，应将柱伸入基础的插筋绑扎牢固，插入基础深度符合设计要求。柱插筋底部弯钩底部部分必须与底板筋成 45°绑扎，连接点下必须全部绑扎。应在距底板 50mm 处绑扎第一个箍筋（下箍筋），距基础顶 50mm 处绑扎最后一个箍筋（上箍筋），在柱插筋最上部再绑扎一道定位箍筋。上下箍筋及定位箍筋扎入位后，将柱插筋调整到时准确位置，并用井字架（或用方木木架内撑外箍）临时固定，然后绑扎剩余箍筋，保证柱插筋不变形，插筋甩出长度不宜过大，其上端应垂直、不倾斜（图 17-1）。

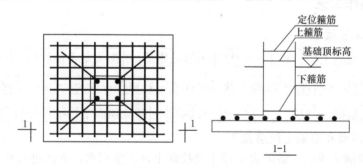

图 17-1　柱基础钢筋

4.4.8 当独立基础之上为钢柱时，在基础钢筋绑扎时应同时做好地脚螺栓的埋设。地脚螺栓的埋深和锚固措施以及上端留置长度按设计要求办理。为保证地脚螺栓位置正确，可将其上端穿过一带孔钢板（孔位即为地脚螺栓位置），位置调后固定在桩模上，并将带孔钢板点焊在钢筋骨架上。

4.4.9 当独立基础之上为预制钢筋混凝土柱时，杯口模板完成后，绑扎杯口钢筋。

4.5 相关专业预埋施工：应与钢筋绑扎协调配合进行。

4.6 支立模板

4.6.1 钢筋绑扎完毕，相关专业预埋件安装完毕，并进行工程隐蔽验收后，即可开始支立模板。

4.6.2　模板可采用木模或小钢模、砖砌模等。本工艺标准介绍木模板用方木加固的方法，支模前，模板内侧涂刷隔离剂。

4.6.3　阶梯型基础模板：每一阶的模板由 4 块侧板拼钉而成，其中两块侧板的尺寸与相应的台阶侧尺寸相等，另两块侧板的长度大出 150～200mm，4 块侧板用木档拼成方框。上台阶模板有两块侧板的下部板加长，以使上台阶模板搁置在下台阶模板上（图 17-2）。

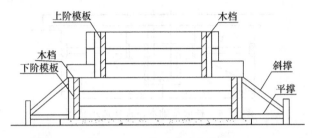

图 17-2　阶梯型基础木模板

支模前，先把截好尺寸的木板加钉木档拼成侧板，在侧板内侧弹出中线，再将各阶的侧板组拼成方框，并校正尺寸及角部方正。支模时，先把下阶模板放在基坑底，使侧板中线与基础中线对准，并用水平尺校正其平整度，再在模板四周钉上木桩，用平撑和斜撑将模板支顶牢固，然后再把上台阶模板搁置在下台阶模板上，两者中线相互对准，并用平撑和斜撑加以钉牢。

4.6.4　杯型基础模板：杯型基础模板安装方法与阶梯型基础模板相似，只是在杯口位置设置杯口芯模。杯口芯模用木板按设计尺寸拼钉而成，即没有上盖、上大下小、锥状四边形木斗，可在杯芯外面包白铁皮。杯芯模的调试应比柱子插入杯口内的设计深度大 30～50mm，杯芯模两侧钉上木轿杠（图 17-3），以便将杯芯模搁置在上阶模板上（对准中线，用木档固定）。

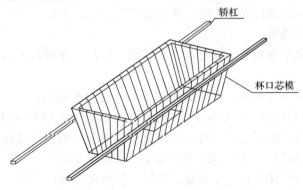

图 17-3　杯口芯模示意图

4.6.5 当独立柱基础为锥形且坡度大于 30°时，斜坡部分支模板，并用铁丝将斜模板与底板钢筋拉紧，防止浇筑混凝土时上浮，此时模板上部应设透气孔及振捣孔。当坡度小于等于 30°可不设斜撑，而采用钢丝网（间距 300mm）防止混凝土下滑。

杯口芯模支立：可利用平置于基坑上的井字木及固定在井字木上的竖向木方，将杯芯模按设计位置固定，并用水平撑支牢于坑壁上（图 17-4）。

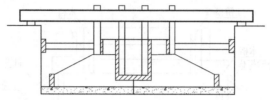

图 17-4 杯形基础木模板构造示意图

4.7 清理

清除模板内的木屑、泥土垃圾及其他杂物，清除钢筋上的油污，木模浇水湿润，堵严板缝及孔洞。

4.8 混凝土现场搅拌或定好预拌混凝土

4.8.1 混凝土现场搅拌，应在每次浇筑前 1.5h 左右开始。

4.8.2 搅拌前，应现场测试砂石的含水率，并调整混凝土配合比中的材料用量，换算成每盘的材料用量。

4.8.3 搅拌混凝土的投料顺序为：石子→水泥→外加剂粉剂→掺合料→砂子→水（及外加剂液剂）。计量误差为±2%；砂、石料计量误差为±3%。

4.8.4 混凝土的搅拌时间，强制式搅拌机大于 90s（不掺外加剂时），大于120s（掺外加剂时）；采用自落式搅拌机，搅拌时间在强制式搅拌时间基础上增加 30s。

4.8.5 当采用预拌混凝土时，其性能应符合设计要求。

4.9 混凝土浇筑

4.9.1 混凝土浇筑开始前复核基础轴线、标高、在模板上标好混凝土的浇筑标高。

4.9.2 混凝土浇筑前，垫层表面如干燥，应用水润湿，但不得积水。浇筑现浇钢筋混凝土基础时，应对称下混凝土，防止柱插筋位移和倾斜。

4.9.3 浇筑中混凝土的下料口距离所浇筑混凝土的表面高度不得超过 2m，如自由落下高度超过 2m 时应采取相应措施（如加串筒等）。

4.9.4 浇筑阶梯式独立柱基础，在每一层台阶高度内分层一次连续浇筑完成。分层厚度一般为振捣棒有效作用部分长度的 1.25 倍，最大厚度不超过

500mm。每层应摊铺均匀，振捣密实。每浇完一个台阶应适当停顿，待其下沉。浇筑完成后，铲除台阶外漏部分多余混凝土，并用原浆抹平。

4.9.5　浇筑钢柱混凝基础，必须保证基础顶面标高符合设计要求，一般根据柱脚类型和施工条件采用下面两种方法：

1　一次浇筑法：即将柱脚基础支撑面混凝土一次浇筑到比设计标高低 40～60mm 处，立即用细石混凝土精确找平到设计标高（图 17-5）。

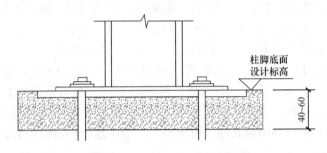

图 17-5　钢柱基础的一次浇筑法

2　二次浇筑法：第一次将混凝土浇筑到比设计高低 40～60mm 处，待校准标高后再浇筑细石混凝土，要求表面平整，标高准确。细石混凝土强度达到设计要求后安放垫板，并精确校准其标高，再将钢柱吊装就位，并校正位置，最后在柱脚钢板下用细石混凝土填塞严密（图 17-6）。

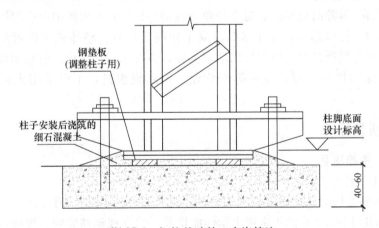

图 17-6　钢柱基础的二次浇筑法

4.9.6　混凝土浇筑应连续进行，间歇时间不得超过 2h，若因故使浇筑间歇时间超过 2h，则应设施工缝，按设计要求及施工质量验收规范的规定处理。浇筑混凝土时，应注意观察模板、螺栓、支撑木、预埋件、预留孔洞等有无位移。

当发现有变形或位移时，应立即停止浇筑，及时加固和纠正，再继续进行混凝土浇筑。浇筑杯型基础混凝土时，应特别注意防止杯口芯模板移动，浇筑混凝土时，四侧应对称均匀进行，避免杯口芯模挤向一侧。

4.10 混凝土振捣

4.10.1 用插入式振捣器应快插慢拔，插点应均匀排列，逐点移动，顺序进行，不得遗漏。振捣中，应密切注视混凝土表面浮浆状况，合理掌握每一插点的振捣时间，做到既不欠振，也不过振。振捣棒的移动间距一般不大于振捣棒作用半径的1.5倍。振捣上一层混凝土时，应插入下层50mm。

4.10.2 如采用无底的杯口模板施工，应先将杯底的混凝土振实，然后浇筑杯口四周的混凝土，此时宜采用低流动性混凝土，或适当缩短混凝土的振捣时间，或杯底混凝土浇完后停0.5～1h，待混凝土沉实后再浇筑杯口四周的混凝土，以防混凝土从杯底溢出。基础浇灌，将杯口底冒出的少量混凝土掏出，使其与杯口模下口齐平。如用封底杯口模板施工，应注意将杯口模压紧，防止杯口模板上浮。

4.11 混凝土养护

混凝土浇筑完成并实行表面搓平后，应在12h内加以覆盖和浇水养护，浇水的次数视气温干燥程度以能保持混凝土有足够的湿润状态为宜，养护期一般不少于7d，养护应设专人负责，防止因养护不善而影响混凝土质量。

4.12 模板拆除

4.12.1 拆除时应保证混凝土棱角（特别是杯口）不因拆模而引起损坏。

4.12.2 杯口芯模，可在基础混凝土初凝后拆除。整体式芯模可用倒链拔出；装配式芯模拆模时，可先抽出活动抽板，再拆除四个角模。阶梯型模板拆除时，先拆除斜撑与平撑，然后拆四侧模，拆除模板进，不得采用大锤或撬棍硬撬。

5 质量标准

5.1 主控项目

5.1.1 钢筋工程

1 钢筋进场时，应按现行国家标准《钢筋混凝土用钢 第2部分：热扎带肋钢筋》GB 1499.2等的规定做力学性能检验。当发现钢筋脆断、焊接性能不良或力学性能显著不正常时，应对钢筋进行化学成分检验或其他专项检验。

2 受力钢筋和绑扎封闭箍筋弯钩的形状，尺寸、弯弧内径应符合现行国家标准《混凝土结构工程施工质量验收规范》GB 50204规定。

3 钢筋的连接方式应符合设计要求，在施工现场按国家现行标准《钢筋机械连接技术规程》JGJ 107、《钢筋焊接及验收规程》JGJ 18 的规定抽取钢筋接头试件做力学性能检验，其性能必须符合标准规定。

4 钢筋安装时，受力钢筋的品种，级别，规格和数量必须符合设计要求。

5.1.2 模板工程

1 基础模板安装必须位置准确，结构牢固，施工中用的脚手架、踏板等不得支立或依托在模板上。

2 在模板上涂刷隔离剂时，不得沾污钢筋和混凝土接茬处。

3 模板拆除需待混凝土强度达到能保证混凝土棱角完整时方可进行。模板拆除方法应得当，确保不损坏杯口混凝土。

5.1.3 混凝土工程

1 混凝土所使用的水泥、外加剂等原材料的质量必须符合现行在有关规范标准的规定。并按规定方法进行现场抽样检查，确认无误。

2 混凝土应按国家现行标准《普通混凝土配合比设计规程》JGJ 55 的规定，根据混凝土的强度等级、耐久性和工作性等要求进行配合比设计。

3 配制混凝土所用原材料计量必须准确。现场搅拌时，原材料每盘称重的允许偏差，应符合现行国家标准《混凝土结构工程施工质量验收规范》GB 50204 的规定。

4 混凝土运输、浇筑及间歇的全部时间不应超过混凝土的初凝时间，混凝土应连续浇筑，当下层混凝土初凝后浇筑上一层混凝土时，应按施工要求进行处理。

5.2　一般项目

5.2.1 钢筋接头的设置（接头位置、数量、接头间的相互关系）应符合现行国家标准《混凝土结构工程施工质量验收规范》GB 50204 规定。

5.2.2 模板的接缝处不应漏浆；在浇筑混凝土前，木质模板应浇水湿润；但模板内不应有积水，杂物也应清理干净。模板与混凝土的接触面应清理干净并涂刷隔离剂，但不得采用影响结构的隔离剂。

5.2.3 混凝土所使用的粗、细骨料，矿物掺合料，拌合用水的质量必须符合现行有关规范标准的规定。

5.2.4 混凝土浇筑完毕后，应按施工方案采取养护措施，并符合下列规定：

1 应在浇筑完毕后 12h 内对混凝土加以覆盖并保湿养护。

2 混凝土浇水养护的时间不得少于 7d（对采用硅酸盐水泥，普通水泥或矿渣硅酸盐水泥拌制的混凝土）或 14d（对掺有缓凝型外加剂的混凝土）。

3 浇水的次数应能保证混凝土处于足够的润湿状态，混凝土的养护用水与拌制用水相同。

5.3 独立柱基础施工允许偏差（表 17-1）

独立柱基础施工允许偏差　　　　　　表 17-1

项目			允许偏差（mm）	检查方法
钢筋加工	受力钢筋长度方向全长的净尺寸		±10	钢尺检查
	箍筋内净尺寸		±5	钢尺检查
钢筋绑扎	钢筋骨架长、宽、高		±5	钢尺检查
	受力钢筋	间距	±10	钢尺量两端中间，各一点取最大值
		排距	±5	
		保护层	±10	钢尺检查
	绑扎箍筋、横向钢筋间距		±20	钢尺量连续三档，取最大值
模板	插筋	中心线位置	5	钢尺检查
		外露长度	+10，0	
	预埋螺栓	中心线位置	2	
		外露长度	+10，0	
	轴线位置		5	
	基础截面内部尺寸		±10	
混凝土	轴线位置		10	钢尺检查
	截面尺寸		+8，−5	
	预埋件中心		10	
	预埋螺栓中心		5	
	表面平整度		8	2m 靠尺和塞尺检查

6 成品保护

6.0.1 在未继续施工上部柱子或吊装上部柱子以前，对施工完毕的独立柱基础应采取适当防护措施，杯口混凝土不得损坏，插筋不得弯曲，地脚螺栓不得损坏。

6.0.2 支模板时，如已涂刷的隔离剂被雨水淋脱落，应及时补刷。

6.0.3 拆除模板时，要轻轻撬动，使模板缓缓脱离混凝土表面，严禁猛砸狠撬使混凝土表面遭到破坏。

6.0.4 拆下的模板及时清理干净，涂刷隔离剂，暂时不用时应遮荫覆盖，防止曝晒。

7 注意事项

7.1 应注意的质量问题

7.1.1 杯形基础施工时，应进行三次弹线，即基础中心线、杯口面中心线、杯口平水线，以防杯基位置不准。具体操作方法如下：

1　基础中心线。模板支好后，根据垫层上基础中心线的位置用两根十字相交的麻线及吊线坠的方法，将其标示到杯芯模板上，以校核杯口位置。

2　杯口面中心线。待杯形基础混凝土浇筑后，在杯口面上弹出杯口中心线，即柱子的中心线（图 17-7），作为柱吊装时临时固定及校正的依据。

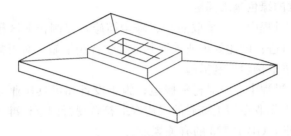

图 17-7　杯口面弹线

3　杯口平水线。待杯形基础混凝土浇筑后，在杯口内侧面弹出标高位置线，此线一般低于杯口面下 100mm，用以控制杯底找平（图 17-8）。

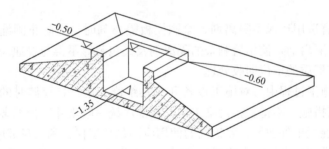

图 17-8　杯口水平线

7.1.2　为防止杯口芯模位移、上浮，应采用如下措施：

1　操作脚手板不应搁置在杯口模板上，以免引起模板下沉。模板体系本身应支顶牢固，结构合理。

2　杯口芯模表面涂好隔离剂，底部开孔，以便排气，减少浮力。

3　浇灌混凝土时，在杯口模板四周应均匀下料和振捣，以防杯口芯模移动。

7.1.3　应根据气温和混凝土凝固情况掌握拆模时间，一般在混凝土终凝前后即将芯模松动，然后用倒链等徐徐拔出，以防拆芯模起不来。

7.1.4　杯口芯模外侧混凝土应密实，也应注意基础角部混凝土密实。

7.1.5　钢柱的预埋螺栓应位置准确，固定牢固，涂抹黄油并用塑料膜加以包裹，防止破坏丝扣。

7.2 应注意的安全问题

7.2.1 施工中拆下的支撑、木档，要随即拔掉上面的钉子，并堆放整齐，以防伤人。

7.2.2 基坑较深时，周边应设置护栏及供施工人员上下的梯子。

7.2.3 地下水位较高，应采取降水措施，确保施工顺利进行。

7.3 应注意的绿色施工问题

7.3.1 施工过程中，应采取防尘、降尘措施，控制作业区扬尘。对施工现场的主要道路，宜进行硬化处理或采取其他扬尘控制措施。对可能造成扬尘的露天堆储材料，宜采取扬尘控制措施。

7.3.2 施工过程中，应对材料搬运、施工设备和机具作业等采取可靠的降低噪声措施。施工作业在施工场界的噪声级应符合现行国家标准《建筑施工场界环境噪声排放标准》GB 12523 的有关规定。

7.3.3 施工过程中，应采取光污染控制措施。对可能产生强光的施工作业，应采取防护和遮挡措施。夜间施工时，应采用低角度灯光照明。

7.3.4 对施工过程中产生的污水，应采取沉淀、隔油等措施进行处理，不得直接排放。

7.3.5 宜选用环保型隔离剂。涂刷模板隔离剂时，应防止洒漏。对含有污染环境成分的隔离剂，使用后剩余的隔离剂及其包装等不得与普通垃圾混放，并应由厂家或有资质的单位回收处理。

7.3.6 施工过程中，对施工设备和机具维修、运行、存储时的漏油，应采取有效的隔离措施，不得直接污染土壤。漏油应统一收集并进行无害化处理。

7.3.7 混凝土外加剂、养护剂的使用应满足环境保护和人身健康的要求。

7.3.8 进行挥发性有害物质施工时，施工操作人员应采取有效的防护方法，并应配备相应的防护用品。

7.3.9 对不可循环使用的建筑垃圾，应收集到现场封闭式垃圾站，并应及时清运至有关部门指定的地点。对可循环使用的建筑垃圾，应加强回收利用，并应做好记录。

8 质量记录

8.0.1 钢筋、水泥、外加剂的出厂合格证及复验报告、预拌混凝土出厂合格证。

8.0.2 砂子、石子的试验记录。

8.0.3 混凝土配合比通知单。

8.0.4 基础轴线标高测设记录。

8.0.5 钢筋预检记录。

8.0.6 模板预检记录。

8.0.7 混凝土施工记录。

8.0.8 混凝土试块 28d 标养抗压强度试验报告。

8.0.9 钢筋加工工程检验批质量验收记录。

8.0.10 钢筋安装工程检验批质量验收记录。

8.0.11 钢筋隐蔽工程检查验收记录。

8.0.12 钢筋分项工程质量验收记录。

8.0.13 现浇结构模板安装工程检验批质量验收记录。

8.0.14 模板拆除检验批质量验收记录。

8.0.15 模板分项工程质量验收记录。

8.0.16 混凝土原材料及配合比设计检验批质量验收记录（泵送混凝土出厂合格证等）。

8.0.17 混凝土配合比通知单。

8.0.18 混凝土坍落度检查记录。

8.0.19 混凝土施工工程检验批质量验收记录。

8.0.20 其他技术文件。

第18章 钢筋混凝土桩基承台

本工艺标准适用于桩基承台工程。

1 引用标准

《建筑桩基技术规范》JGJ 94—2008；
《混凝土结构工程施工规范》GB 50666—2011；
《混凝土结构工程施工质量验收规范》GB 50204—2015；
《建筑地基工程施工质量验收标准》GB 50202—2018。

2 术语（略）

3 施工准备

3.1 作业条件

3.1.1 桩基已全部施工完毕，按设计要求将土方挖到承台底标高，且桩基和承台基底验收记录已办理。

3.1.2 桩顶疏松混凝土全部剔完，如桩顶低于设计标高时，应用同级混凝土接高，在其达到桩强度50%以上后，将埋入承台内的桩顶部分用手锤和錾子剔凿，并用水冲净；如桩顶高于设计标高时，应予先剔凿，使桩顶伸入承台梁内长度符合设计要求。

3.1.3 对于冻胀地区，应按设计要求完成承台下防冻胀处理措施。

3.1.4 已将坑、槽底虚土、杂物等建筑垃圾彻底清除。

3.1.5 混凝土配合比已由试验室确定。

3.2 材料及机具

3.2.1 水泥：宜使用普通硅酸盐水泥或矿渣硅酸盐水泥，有出厂合格证明及强度和安定性复验报告。

3.2.2 砂：粗砂或中砂，混凝土强度等级低于C30时，含泥量不应大于5%；高于C30时，含泥量不大于3%。

3.2.3 石子：碎石或卵石，粒径一般为5～40mm。混凝土强度等级低于C30时，含泥量不大于2%；高于C30时，含泥量不大于1%。

3.2.4 拌合水：宜用饮用水或不含有害物质的洁净水。

3.2.5 外加剂、掺合料：根据设计要求或施工的需要，通过试验确定掺量。

3.2.6 钢筋：应符合设计图纸规定的钢号和规格及品种，有出厂合格证明书及复验报告。

3.2.7 模板：定型钢模板或木模板和支撑杆件。

3.2.8 机具：

1 模板机具：圆锯或手锯、羊角锤、钳子、扳手、钢卷尺、墨汁、铅笔、撬棍等。

2 钢筋机具：钢筋切断机、弯曲机、电焊机、钢筋钩子、18～22 号钢丝、折尺、粉笔等。

3 混凝土机具：混凝土搅拌机、混凝土输送泵、插入式振捣器、台称、平锹、尖锹、胶皮管、翻斗车、铁板、木抹子、水桶等。

4　操作工艺

4.1　工艺流程

整平拍底 → 钢筋绑扎 → 模板安装 → 混凝土浇筑

4.2　整平拍底

4.2.1 土方开挖完，拉线对基底进行平整，误差在 50mm 内，并用平锹拍打实。

4.2.2 有混凝土垫层时，应按设计的混凝土强度等级和厚度浇筑混凝土。

4.3　钢筋绑扎

4.3.1 按测量给定轴线，找出承台梁边框线，然后再分别找出纵横向钢筋的控制线。

4.3.2 钢筋绑扎前，应先按设计图纸核对加工成型的半成品（钢筋半成品）的规格、形状、型号、品种是否与设计一致，无误后堆放整齐，挂牌标识。

4.3.3 钢筋应按顺序绑扎，一般情况下先长轴后短轴，由一端向另一端依次进行。绑扎的钢丝扣应左右交错，八字型对称绑扎。

承台梁受力钢筋的接头位置应互相错开，接头位置应设受力较小处。接头的钢筋面积所占钢筋面积的百分比，应符合设计要求和规范的规定，所有受力钢筋和箍筋交错处全部绑扎。

4.3.4 预埋管线、铁件的位置必须正确。桩伸入承台梁的钢筋以及承台梁上的柱子或墙板插筋，均应按图绑扎牢固，采用十字扣或焊牢，其标高、位置、搭接锚固长度等应准确，不得遗漏或移位。

4.3.5 绑好砂浆垫块，双向间隔 1000mm，底部钢筋下的砂浆垫块厚度：有垫层 35mm，无垫层 70mm。侧面也用垫块与钢筋绑牢。

4.3.6 钢筋绑好后，应对钢筋的品种、规格、数量、位置等进行预检，发现问题及时处理。

4.4　模板安装

4.4.1　按测量放线给定的轴线，找出承台梁的边框线，做为支模的控制线。

4.4.2　按设计的断面尺寸，给出模板拼装组合图或方案，并经计算确定对拉螺栓的直径、纵横间距。

4.4.3　模板全部支完后，按测量给定的上口标高点，弹出混凝土浇筑高度的控制线。班组应对模板的整体刚度、几何尺寸、标高、轴线等进行预检，发现问题及时处理。

4.5　混凝土浇筑

4.5.1　在浇筑混凝土之前，应办理承台钢筋隐蔽验收记录，经监理工程师批准后，方可浇筑混凝土。大体积混凝土施工，应采取有效防止温度应力措施。

4.5.2　按配合比称出每盘水泥、砂、石子及外加剂的用量，计量允许偏差：水泥、掺合料±2％；粗、细骨料±3％；水、外加剂±2％。商品混凝土在浇筑前，应到搅拌站进行开盘鉴定，并按规范规定留置标准养护和同条件养护试件。

4.5.3　浇筑前，应将桩头、坑（槽）底及木模板浇水湿润；混凝土应连续浇筑完成，承台可分层浇筑，承台梁可直接将混凝土倒入模中，如甩搓超过初凝时间，应按施工缝要求处理（若用塔机吊斗直接卸料入模时，其料斗口距操作面高度以 0.3～0.4m 为宜，并不得集中一处倾倒）。浇筑时，应在混凝土浇筑地点，检查其坍落度是否与配合比一致。

4.5.4　振捣时，振捣棒与水平面倾角约 30°左右，棒头朝前进方向。插棒间距 500mm 左右，振捣时间以混凝土表面翻浆不出现气泡为宜。必须振捣密实，防止漏振。混凝土表面应随振随用铁锹配合控制标高线，并用木抹子搓平。

4.5.5　必须设置施工缝时，应留置在相邻两桩中间 1/3 范围内。纵横连接处和桩顶及独立承台一般不宜留搓。甩搓处应预先用模板，留成直搓，继续施工时，混凝土接搓处应用水湿润，并浇 30～50mm 厚与混凝土配合比同成分的砂浆，然后再进行混凝土浇筑。

4.5.6　混凝土浇筑后，在常温条件下，12h 后浇水养护，夏天应覆盖草帘浇水养护，养护时间一般不得少于 7d，浇水次数应能保持混凝土处于润湿状态，养护水应与拌制混凝土用水相同。当日平均气温低于 5℃时，不得浇水。

5　质量标准

5.1　钢筋工程

5.1.1　主控项目

1　钢筋安装时，受力钢筋的品种、级别、规格和数量必须符合设计要求。

2　钢筋应安装牢固。受力钢筋的安装位置、锚固方式应符合设计要求。

5.1.2　一般项目

钢筋安装及预埋件位置允许偏差和检验方法（表18-1）。

钢筋安装及预埋件位置允许偏差和检验方法　　　表18-1

项目		允许偏差（mm）	检验方法
绑扎钢筋网	长、宽	±10	尺量
	网眼尺寸	±20	尺量连续三档，取其最大值
绑扎钢筋架	长	±10	尺量
	宽、高	±5	尺量
受力钢筋	锚固长度	−20	尺量
	间距	±10	尺量两端、中间各一点，取其最大偏差值
	排距	±5	
	保护层厚度	±10	尺量
绑扎箍筋、横向钢筋间距		±20	尺量连续三档，取其最大值
钢筋弯起点位置		20	尺量
预埋件	中心线位置	5	尺量
	水平高差	+3，0	塞尺量测

5.2　模板工程

5.2.1　主控项目

1　模板安装在基土上，基土必须坚实并有排水措施。

2　模板及其支架必须具有足够的强度、刚度和稳定性；其支架的支撑部分必须有足够的支承面积。

3　在涂刷模板隔离剂时，不得沾污钢筋和混凝土接槎处。

5.2.2　一般项目

1　模板与混凝土的接触面应清理干净，接缝处不应漏浆，浇筑混凝土前应对木模板浇水湿润。

2　固定在模板上的预埋件、预留孔和预留洞均不得遗漏，且应安装牢固。

3　模板安装的允许偏差和检验方法（表18-2）。

模板安装的允许偏差和检验方法　　　表18-2

项目	允许偏差（mm）	检验方法
轴线位移	5	尺量
底模上表面标高	±5	用水准仪或拉线、尺量
截面尺寸	±10	尺量
表面平整度	5	用2m靠尺和塞尺量测

续表

项目	允许偏差（mm）	检验方法
预埋钢板中心线位移	3	拉线和尺量检查
预埋管预留孔中心线位移	3	拉线和尺量检查
预埋螺栓中心线位移	2	拉线和尺量检查
预埋螺栓外露长度	+10，0	拉线和尺量检查

注：检查中心线位置时，应沿纵、横两个方向量测，并取其中的较大值。

5.3 混凝土工程

5.3.1 主控项目

1 混凝土所用水泥、外加剂的质量、品种和级别，必须符合设计要求和国家现行有关标准的规定。

2 混凝土的配合比、原材料计量、施工缝处理必须符合施工规范的规定。

3 用于检验结构构件混凝土强度的试件，应按《混凝土结构工程施工质量验收规范》GB 50204 的规定取样、制作、养护和试验，其强度必须符合设计要求。

4 承台的外观质量不应有严重缺陷，且不应有影响结构性能和使用功能的尺寸偏差。

5.3.2 一般项目

1 混凝土所用粗、细料、拌制用水及掺合料，应符合国家现行有关标准的规定。

2 施工缝、后浇带的留置，应符合设计要求和技术方案规定，并按要求做好混凝土养护。

3 承台混凝土的外观质量不宜有一般缺陷。

4 混凝土允许偏差和检验方法（表 18-3）。

混凝土允许偏差和检验方法　　　　　　　　　　表 18-3

项目	允许偏差（mm）	检验方法
轴线位移	15	经纬仪及尺量
标高	±10	用水准仪或拉线、尺量
截面尺寸	+8，−5	尺量
表面平整度	8	用2m靠尺和塞尺量测
预埋钢板中心线偏移	10	拉线和尺量检查
预埋管孔中心线偏移	5	拉线和尺量检查
预埋螺栓中心线偏移	5	拉线和尺量检查
预埋螺栓外露长度	+10，0	拉线和尺量检查

注：检查轴线、中心线位置时，应沿纵、横两方向量测，并取其中的较大值。

6　成品保护

6.0.1　基坑（槽）四周应挖排水沟，或设土坝防止雨水灌入。

6.0.2　对定位桩、水准点进行保护，并不定期进行检测复核。

6.0.3　安装模板和浇筑混凝土时，应注意保护钢筋，不得攀踩钢筋。

6.0.4　夏季施工时，混凝土初凝后应及时浇水养护，并做好防雨措施。刚浇筑完的混凝土，不得让雨水淋泡。

6.0.5　拆模时应注意避免硬撬重砸损伤混凝土。

6.0.6　填土时应注意防止机械损坏承台梁。

7　注意事项

7.1　应注意的质量问题

7.1.1　不应使用带有颗粒状或片状老锈的钢筋；钢筋运输和贮存时，应有标牌，以免造成进库的钢材材质不明。

7.1.2　不应使用过期（水泥出厂日期超过 3 个月，快硬水泥超过 1 个月）水泥或受潮结块水泥。

7.1.3　混凝土用的骨料粒径和含泥量应符合规范规定，避免粗骨料粒径过大，被钢筋卡住或造成施工质量问题。

7.1.4　混凝土浇筑时，应设有模板工、钢筋工看护，发现模板及钢筋变形或位移时，应及时修整处理。

7.1.5　混凝土应分层振捣密实，振捣时间以混凝土表现翻浆不出现气泡为宜；混凝土表面宜二次抹压，并加强养护。

7.2　应注意的安全问题

7.2.1　基坑周边应设置围栏。

7.2.2　施工中严禁乱拖乱拉电源线和随地拖移，电源线不得绑在钢筋、钢管、脚手架上，以防电源线损伤造成触电事故。

7.2.3　配电箱、开关箱实行"一机一闸一接地"制。

7.2.4　在潮湿环境中焊接作业，必须采取可靠绝缘措施，防止发生操作人员触电事故。

7.2.5　机械设备操作时，应按《建筑机械使用安全技术规程》JGJ 33 执行。

7.3　应注意的绿色施工问题

7.3.1　施工过程中，应采取防尘、降尘措施，控制作业区扬尘。对施工现场的主要道路，宜进行硬化处理或采取其他扬尘控制措施。对可能造成扬尘的露天堆储材料，宜采取扬尘控制措施。

7.3.2　施工过程中，应对材料搬运、施工设备和机具作业等采取可靠的降低噪声措施。施工作业在施工场界的噪声级应符合现行国家标准《建筑施工场界环境噪声排放标准》GB 12523 的有关规定。

7.3.3　施工过程中，应采取光污染控制措施。对可能产生强光的施工作业，应采取防护和遮挡措施。夜间施工时，应采用低角度灯光照明。

7.3.4　对施工过程中产生的污水，应采取沉淀、隔油等措施进行处理，不得直接排放。

7.3.5　宜选用环保型隔离剂。涂刷模板隔离剂时，应防止洒漏。对含有污染环境成分的隔离剂，使用后剩余的隔离剂及其包装等不得与普通垃圾混放，并应由厂家或有资质的单位回收处理。

7.3.6　施工过程中，对施工设备和机具维修、运行、存储时的漏油，应采取有效的隔离措施，不得直接污染土壤。漏油应统一收集并进行无害化处理。

7.3.7　混凝土外加剂、养护剂的使用应满足环境保护和人身健康的要求。

7.3.8　进行挥发性有害物质施工时，施工操作人员应采取有效的防护方法，并应配备相应的防护用品。

7.3.9　不可循环使用的建筑垃圾，应收集到现场封闭式垃圾站，并应及时清运至有关部门指定的地点。对可循环使用的建筑垃圾，应加强回收利用，并应做好记录。

8　质量记录

8.0.1　测量放线记录。

8.0.2　原材料合格证、出厂检验报告及进场复验报告。

8.0.3　钢筋接头力学性能试验报告。

8.0.4　钢筋加工工程检验批质量验收记录。

8.0.5　钢筋安装工程检验批质量验收记录。

8.0.6　钢筋隐蔽工程检查验收记录。

8.0.7　钢筋分项工程质量验收记录。

8.0.8　现浇结构模板安装工程检验批质量验收记录。

8.0.9　模板拆除检验批质量验收记录。

8.0.10　模板分项工程质量验收记录。

8.0.11　混凝土原材料及配合比设计检验批质量验收记录（泵送混凝土出厂合格证等）。

8.0.12　混凝土配合比通知单。

8.0.13　混凝土施工记录。

8.0.14 混凝土坍落度检查记录。

8.0.15 混凝土施工工程检验批质量验收记录。

8.0.16 混凝土试件强度试验报告。

8.0.17 混凝土抗渗试验报告。

8.0.18 混凝土结构外观及尺寸偏差检验批质量验收记录。

8.0.19 混凝土分项工程质量验收记录。

8.0.20 其他技术文件。

第 19 章　钢筋混凝土筏形基础

本工艺标准适用于房屋建筑中纵横墙较密集的筏形基础。

1　引用标准

《建筑地基基础工程施工规范》GB 51004—2015；

《建筑地基工程施工质量验收标准》GB 50202—2018；

《高层建筑筏形与箱形基础技术规范》JGJ 6—2011；

《混凝土结构工程施工规范》GB 50666—2011；

《混凝土结构工程施工质量验收规范》GB 50204—2015。

2　术语（略）

3　施工准备

3.1　作业条件

3.1.1　已编制施工组织设计或施工方案，包括土方开挖、地基处理、深基坑降水和支护、支模和混凝土浇灌程序方法以及对邻近建筑物的保护等。

3.1.2　基底土质情况和标高、基础轴线尺寸，已经过鉴定和检查，并办理隐蔽手续。

3.1.3　模板已经过检查，符合设计要求，并办完预检手续。

3.1.4　在槽帮或模板上做好混凝土浇筑高度标志，每隔 3m 左右钉上水平桩。

3.1.5　埋设在基础中的钢筋、螺栓、预埋件、暖卫、电气等各种管线均已安装完毕，各专业已经会签，并经质检部门验收，办完隐检手续。

3.1.6　混凝土配合比已由试验室确定，并根据现场材料调整复核，准备好试模。

3.1.7　施工临水供水、供电线路已设置。施工机具设备已进行安装就位，并试运转正常。

3.1.8　混凝土的浇筑程序、方法、质量要求，已进行详细的技术交底。

3.2　材料及机具

3.2.1　水泥：宜使用普通硅酸盐水泥或矿渣硅酸盐水泥，有出厂合格证明及强度和安定性复验报告。

3.2.2　砂子：用中砂或粗砂，混凝土低于 C30 时，含泥量不大于 5%；高于 C30 时，含泥量不大于 3%。

3.2.3　石子：卵石或碎石，粒径 5～40mm，混凝土低于 C30 时，含泥量不大于 2%，高于 C30 时，不大于 1%。

3.2.4　掺合料：采用Ⅱ级粉煤灰，其掺量应通过试验确定。

3.2.5　减水剂、早强剂：应符合有关标准的规定，其品种和掺量应根据施工需要通过试验确定。

3.2.6　钢筋：品种和规格应符合设计要求，有出厂质量证明书及试验报告，并应取样机械性能试验，合格后方可使用。

3.2.7　机具：

1　模板机具：圆锯或手锯、羊角锤、钳子、扳手、钢卷尺、墨汁、铅笔、撬棍等。

2　钢筋机具：钢筋切断机、弯曲机、电焊机、钢筋钩子、18～22 号钢丝、折尺、粉笔等。

3　混凝土工具：插入式振动器、平板式振动器、混凝土搅拌运输车和输送泵车、大小平锹、串筒、溜槽、胶皮管、混凝土卸料槽、吊斗、手推车胶轮车、抹子等。

4　操作工艺

4.1　工艺流程

测量定位放线 → 垫层施工 → 测量定位放线 → 筏形基础钢筋绑扎 → 筏形基础侧模安装 → 柱插筋 → 验收 → 筏形基础混凝土浇筑 → 混凝土养护

4.2　测量定位放线

4.2.1　定位点依据：根据业主提供的控制点坐标、标高及总平面布置图、施工图纸进行定位。

4.2.2　场区内控制网布置：在各单体工程测量定位放线前，在场区内布置好测量控制点控制网（包括坐标控制点和高程控制点）。

4.2.3　测量工具：

1　场区内坐标控制点和高程控制点设置采用全站仪进行；

2　建筑物坐标点定位采用全站仪进行；

3　建筑物高程控制点设置采用水准仪进行；

4　建筑物轴线定位采用经纬仪进行；

5　其他辅助工具：50m钢尺、木桩、钢筋桩、墨斗、油漆等。

4.2.4　建筑物轴线定位：根据已知轴线坐标控制点采用经纬仪进行建筑物轴线的定位，其他相应线采用钢尺进行排尺。

4.2.5　建筑物标高测量：根据已知高程控制点采用水准仪进行测量建筑物各工序的标高。

4.3　基坑工程

4.3.1　基坑开挖，如有地下水，应采用措施降低地下水位至基坑底500mm以下部位，保持在无水的情况下进行土方开挖和基础结构施工。

4.3.2　基坑土方开挖应注意保持基坑底土的原状结构，如采用机械开挖时，基坑底面以上200~400mm厚的土层，应采用人工清除，避免超挖或破坏基土。如局部有软弱土层工超挖，应进行换填，并夯实。基坑开挖应连续进行，如基坑挖好后不能立即进行下一道工序，应在基底以上留置150~200mm一层不挖，待下道工序施工时再挖至设计基坑底标高，以免基土被扰动。

4.4　模板施工

4.4.1　垫层施工时，沿筏形基础外为边线400mm。

4.4.2　砖模在筏板垫层上砌筑，距筏形基础外边30mm砌筑。沿砖模砌筑完毕后，采用10mm厚1：2水泥砂浆粉刷砖模内壁，粉刷内壁后在做防水工程，防水工程施工完毕后，再做15mm厚1：2水泥砂浆防水保护层。

4.4.3　在浇筑筏形基础混凝土前，要对砖模板进行支护。

4.5　钢筋施工

4.5.1　绑扎筏板板底钢筋：筏板板底钢筋排列顺序应符合设计要求，一般为短方向在下长方向在上；筏板钢筋开始绑扎之前，基础底线必须验收完毕，特别再墙柱插筋位置、墙边线等位置线，应用油漆在墨线边及交角位置画出不小于50mm宽、150mm长的标记；为保证地板钢筋保护层厚度准确，底板、墙、柱等部位均采用特制的混凝土垫块，垫块间距为1块/m²。

4.5.2　绑扎筏板板顶钢筋：筏板板顶钢筋排列顺序为短方向在上，长方向在下；绑扎板顶钢筋，先在马凳上绑架立筋，在架立筋上画好钢筋位置线，按图纸要求，顺序放置上层钢筋，要求接头在同一截面相互错开50%，同一根钢筋尽量减少接头。

4.5.3　墙、柱插筋：底板钢筋绑扎完毕，绑扎柱子插筋和墙板插筋，先把定位箍筋焊接在筏板钢筋上，后插筋。柱子插筋应插到图纸设计位置，并应满足设计锚固长度，插筋位置要准确，固定要牢固，接头在同一截面上要错开，并不超过 50%。墙板插筋，插入底板内要满足设计锚固长度，内外排插筋要带线拉直，位置要准确，固定要牢固，接头在同一截面上要错开，但不超过 50%，在底板顶部内外绑扎水平筋与底板筋和插筋焊牢。

4.6　混凝土施工

可根据结构情况和施工具体条件及要求，采用以下两种方法之一：

4.6.1　先在垫层上绑扎底板、梁的钢筋和上部柱插筋，先浇筑底板混凝土，待达到 25% 以上强度后，再在底板上支梁侧模板，浇筑完梁部分混凝土；

4.6.2　采取底板和梁钢筋、模板一次同时支好，梁侧模板用混凝土支墩或钢支脚支承，并固定牢固，混凝土一次连续浇筑完成。以上两种方法都应注意保证梁位置和柱插筋位置正确，混凝土应一次连续浇筑完成。

4.6.3　当筏形基础长度很长（40m 以上）时，应考虑在中部适当部位留设贯通后浇缝带或采用跳仓法施工，以避免出现温度收缩裂缝和便于进行施工分段流水作业；对超厚的筏形基础，应考虑采取降低水泥水化热和浇筑入模温度的措施，以避免出现过大温度收缩应力，导致基础底板裂缝。

4.6.4　混凝土浇筑，应先清除地基或垫层上淤泥和垃圾，基坑内不得存有积水；木模应浇水湿润，板缝和孔洞应堵严。

4.6.5　浇筑高度超过 2m 时，应使用串筒、溜槽（管），以防离析，混凝土应分层连续进行，每层厚度为 250～300mm。

4.6.6　浇筑混凝土时，应经常注意观察模板、钢筋、预埋铁件、预留孔洞和管道有无走动情况，发现变形或位移时，应停止浇筑，在混凝土初凝前处理完后，再继续浇筑。

4.6.7　混凝土浇筑振捣密实后，应用木抹子搓平或用铁抹子压实。

4.6.8　混凝土浇筑时表面泌水采用真空吸水，若发现表面泌水过多，应及时调整水灰比，混凝土浇至顶端时将泌水排除。

4.6.9　由底板面积大、表面会出现较厚的浆层，为保证板面平整及防止表面出现微细裂缝，在混凝土浇筑结束后，要认真处理，约经 2～4h，初步按标高用长刮尺刮平，初凝前用铁滚筒碾压数遍，再用木抹子收平压实，以闭合收水裂缝，约 12h 后，覆盖麻袋，充分浇水湿润养护。

4.6.10　在基础底板上埋设好沉降观测点，定期进行观测、分析，做好记录。

5　质量标准

5.1　主控项目

5.1.1　混凝土所用的水泥、水、骨料、外加剂等，必须符合施工规范和有

123

关的规定。

5.1.2 混凝土的配合比、原材料计量、搅拌、养护和施工缝处理，必须符合施工规范的规定。

5.1.3 评定混凝土强度的试块，必须按《混凝土强度检验评定标准》GB/T 50107的规定取样、制作、养护和试验，其强度必须符合设计要求和评定标准的规定。

5.1.4 模板及支架应根据安装、使用和拆除工况进行设计，并应满足承载力、刚度和整体稳固性的要求。

5.1.5 模板及支架用材料的技术指标应符合国家现行有关标准的规定。进场时，抽样检验模板和支架材料的外观、规格和尺寸。

5.1.6 现浇混凝土结构模板及支架的安装质量，应符合国家现行有关标准的规定和施工方案的要求。

5.1.7 基础中钢筋的规格、形状、尺寸、数量、锚固长度、接头设置，必须符合设计要求和施工规范的规定。

5.1.8 钢筋进场时，应按国家现行相关标准的规定抽取试件做屈服强度、抗拉强度、伸长率、弯曲性能和重量偏差检验，检验应符合相应标准的规定。

5.1.9 钢筋安装时，受力钢筋的品种、级别、规格和数量必须符合设计要求。纵向受力钢筋的连接方式应符合设计要求。

5.2 一般项目

5.2.1 混凝土应振捣密实，无缝隙、夹渣层。

5.2.2 模板的接缝应严密；模板内不应有杂物、积水或冰雪等；模板与混凝土的接触面应平整、清洁。

5.2.3 用作模板的地坪、胎模等应平整、清洁，不应有影响构件质量的下沉、裂缝、起砂或起鼓。

5.2.4 钢筋表面应平直、无损伤，表面不得有裂纹、油污、颗粒状或片状老锈。

5.2.5 钢筋机械连接套筒、钢筋锚固板以及预埋件等的外观质量，应符合国家现行相关标准的规定。

5.2.6 钢筋的接头宜设置在受力较小处，同一纵向受力钢筋不宜设置两个或两个以上接头。

5.2.7 绑扎钢筋的缺扣、松扣数量不得超过绑扣数的10%，且不应集中。弯钩的朝向应正确，绑扎接头应符合施工规范的规定，搭接长度不小于规定值。

5.2.8 直螺纹使用的钢筋下料时，其端头截面应与钢筋的轴线垂直，不能有翘曲。直螺纹的牙形和螺距必须与套筒一致。

5.3　允许偏差及检验方法（表 19-1～表 19-3）。

基础钢筋安装的允许偏差和检验方法　　　　表 19-1

项次	项目		允许偏差（mm）	检验方法
1	绑扎钢筋网	长、宽	±10	尺量检查
		网眼尺寸	±20	尺量连续三档，取最大偏差值
2	纵向受力钢筋	锚固长度	−20	尺量检查
		间距	10	尺量检查
		排距	±5	尺量检查
3	纵向受力钢筋、箍筋的混凝土保护层厚度	基础	±10	尺量检查
4	绑扎箍筋、横向钢筋间距		±20	尺量连续三档取最大偏差值

基础模板安装的允许偏差和检验方法　　　　表 19-2

项次	项目		允许偏差（mm）	检验方法
1	轴线位置		5	尺量检查
2	底模上表面标高		±5	水准仪或拉线、尺量检查
3	表面平整度		5	2m 靠尺和塞尺量测
4	模板内部尺寸	基础	±10	尺量检查
5	相邻两块模板表面高差		2	尺量检查

基础混凝土的允许偏差和检验方法　　　　表 19-3

项次	项目	允许偏差（mm）	检验方法
1	标高	±10	用水准仪或拉线尺量检查
2	上表面平整度	10	用水准仪或拉线尺量检查
3	基础轴线位移	15	尺量检查
4	基础截面尺寸	+15，−10	用经纬仪或拉线尺量检查

6　成品保护

6.0.1　模板拆除应在混凝土强度能保证其表面及棱角不同受损坏时，方可进行。

6.0.2　在已浇筑的混凝土强度达到 1.2MPa 以上，方可在其上行人或进行下道工序施工。

6.0.3　在施工过程中，对暖卫、电气、暗管等进行妥善保护，不得碰撞。

6.0.4　基础内预留孔洞、预埋螺栓、铁件，应按设计要求设置，不得后凿混凝土。

6.0.5　如基础埋深超过相邻建（构）筑物基础时，应有妥善的保护措施。

7　注意事项

7.1　应注意的质量问题

7.1.1　混凝土应分层浇灌，分层振捣密实，防止出现蜂窝、麻面和混凝土不密实；在吊帮（模、板）根部应待梁下底板浇筑完毕，停 0.5～1.0h，待沉实后再浇上部梁，以免在根部出现"烂脖子"现象。

7.1.2　在混凝土浇捣中应防止垫块移动，钢筋紧贴模板或振捣不实造成露筋。

7.1.3　为严格保持混凝土表面标高正确，要注意避免水平桩移动，或混凝土多铺过厚，小铺过薄；操作时要认真找平，模板要支撑牢固等。

7.1.4　对厚度较大的筏板浇筑，应采取预防温度收缩裂缝措施并加强养护，防止出现裂缝。

7.2　应注意的安全问题

7.2.1　基础施工时，应先检查基坑、槽帮土质、边坡坡度，如发现裂缝、滑移等情况，应及时加固，堆放材料应离开坑边 1m 以上，深基坑上下应设梯子或坡道，不得踩踏模板或支撑上下。

7.2.2　筏形基础浇灌，应搭设牢固的脚手平台、马道，脚手板铺设要严密，以防石子掉下；采用手推车、机动翻斗车、吊斗等浇灌，要有专人统一指挥、调度和下料，以保证不发生撞车事故；用串筒下料，要防堵塞，以免发生脱钩事故；泵送混凝土浇灌应采取措施，防堵塞和爆管。

7.2.3　操纵振动器的操作人员，必须穿胶鞋。接电要安全可靠，并设专门保护性接地导线，避免火线跑电发生危险。如出现故障，应立即切断电源修理；使用电线如已有磨损，应及时更换。

7.2.4　施工人员应戴安全帽、穿软底鞋；工具应放入工具袋内；向基坑内运送混凝土，传递物件，不得抛掷。

7.2.5　雨、雪、冰冻天施工，架子上应有防滑措施，并在施工前清扫冰、霜、积雪后才能上架子；五级以上大风应停止作业。

7.2.6　现场机械设备及电动工具应设置漏电保护器，每机应单独设置，不得共用，以保证用电安全；夜间施工，应装设足够的照明。

7.3　应注意的绿色施工问题

7.3.1　施工过程中，应采取防尘、降尘措施，控制作业区扬尘。对施工现场的主要道路，宜进行硬化处理或采取其他扬尘控制措施。对可能造成扬尘的露天堆储材料，宜采取扬尘控制措施。

7.3.2　施工过程中，应对材料搬运、施工设备和机具作业等采取可靠的降低噪声措施。施工作业在施工场界的噪声级应符合现行国家标准《建筑施工场界环境噪声排放标准》GB 12523 的有关规定。

7.3.3　施工过程中，应采取光污染控制措施。对可能产生强光的施工作业，应采取防护和遮挡措施。夜间施工时，应采用低角度灯光照明。

7.3.4　对施工过程中产生的污水，应采取沉淀、隔油等措施进行处理，不得直接排放。

7.3.5　宜选用环保型隔离剂。涂刷模板隔离剂时，应防止洒漏。对含有污染环境成分的隔离剂，使用后剩余的隔离剂及其包装等不得与普通垃圾混放，并应由厂家或有资质的单位回收处理。

7.3.6　施工过程中，对施工设备和机具维修、运行、存储时的漏油，应采取有效的隔离措施，不得直接污染土壤。漏油应统一收集并进行无害化处理。

7.3.7　混凝土外加剂、养护剂的使用应满足环境保护和人身健康的要求。

7.3.8　进行挥发性有害物质施工时，施工操作人员应采取有效的防护方法，并应配备相应的防护用品。

7.3.9　对不可循环使用的建筑垃圾，应收集到现场封闭式垃圾站，并应及时清运至有关部门指定的地点。对可循环使用的建筑垃圾，应加强回收利用并做好记录。

8　质量记录

8.0.1　测量放线记录。

8.0.2　原材料合格证、出厂检验报告及进场复验报告。

8.0.3　钢筋接头力学性能试验报告。

8.0.4　钢筋加工工程检验批质量验收记录。

8.0.5　钢筋安装工程检验批质量验收记录。

8.0.6　钢筋隐蔽工程检查验收记录。

8.0.7　钢筋分项工程质量验收记录。

8.0.8　现浇结构模板安装工程检验批质量验收记录。

8.0.9　模板（后浇带）拆除检验批质量验收记录。

8.0.10　模板分项工程质量验收记录。

8.0.11　混凝土原材料及配合比设计检验批质量验收记录。

8.0.12　混凝土配合比通知单。

8.0.13 混凝土施工记录。

8.0.14 混凝土坍落度检查记录。

8.0.15 混凝土施工工程检验批质量验收记录。

8.0.16 混凝土试件强度试验报告。

8.0.17 混凝土抗渗试验报告。

8.0.18 混凝土结构外观及尺寸偏差检验批质量验收记录。

8.0.19 混凝土分项工程质量验收记录。

8.0.20 其他技术文件。

第 20 章　钢筋混凝土预制桩

本工艺标准适用于淤泥、淤泥质土、黏性土、粉土、砂土和人工填土等地基处理。

1　引用文件

《建筑工程施工质量验收统一标准》GB 50300—2013；
《建筑地基工程施工质量验收标准》GB 50202—2018；
《混凝土结构工程施工质量验收规范》GB 50204—2015；
《混凝土结构工程施工规范》GB 50666—2011；
《建筑桩基技术规范》JGJ 94—2008；
《复合地基技术规范》GB/T 50783—2012；
《建筑地基处理技术规范》JGJ 79—2012；
《钢筋焊接及验收规程》JGJ 18—2012；
《钢筋机械连接技术规程》JGJ 107—2010；
《建筑地基基础工程施工规范》GB 51004—2015；
《建筑基桩检测技术规范》JGJ 106—2014；
《混凝土质量控制标准》GB 50164—2011；
《混凝土强度检验评定标准》GB/T 50107—2010；
《普通混凝土用砂、石质量及检验方法标准》JGJ 52—2006。

2　术语

2.0.1　贯入度
指打桩时每 10 击桩的平均入土深度，或振动沉桩时每分钟桩的平均入土深度。
2.0.2　最后贯入度
指预制桩施工打桩时，最后 30 击每 10 击桩的平均入土深度。

3　施工准备

3.1　作业条件
3.1.1　制桩
1　对提供的桩基布置图、桩基施工图进行会审，并进行技术交底。

2　各种原材料已经检验，并经试配提出混凝土配合比。

3　预制场地符合要求。

4　所有的工人经过培训且持证上岗。

3.1.2　沉桩

1　编制施工组织设计或施工方案，并做详细的技术交底。

2　提供建筑场地的工程地质勘查报告，必要时还需补充静力触探或标贯试验等原位测试资料。

3　清理地上和地下障碍物。打桩场地应平整，地面承载力应能适应桩机工作的正常运转；施工场地应保持排水沟畅通，注意施工中的防振问题。

4　预制桩强度达到起吊、运输、打设要求。

5　预制桩的检验资料齐全。

6　施工前，试验桩数量不少于两根。确定贯入度并核验打桩设备、施工工艺以及技术措施是否适宜。

7　预制桩施工，现场操作人员应经过理论学习并进行实际施工操作培训，考试合格后方可持证上岗。

3.2　**材料及机具**

3.2.1　水泥：宜采用强度等级不得低于 42.5 级的普通硅酸盐水泥或矿渣硅酸盐水泥。

3.2.2　砂：用中砂，级配均匀，含泥量不大于 3%。

3.2.3　石子：用于锤击预制桩的粗骨料，粒径直径宜为 5～40mm。

3.2.4　水：宜采用饮用水，当采用其他来源水时，水质必须符合国家现行标准《混凝土用水标准》JGJ 63 的规定。

3.2.5　钢筋级别、直径应符合设计要求。

3.2.6　外加剂、掺合料：根据气候条件、工期和设计要求等通过试验确定。

3.2.7　接桩材料：

焊接接桩，钢板宜采用低碳钢，焊条宜采用 E43，并应符合现行国家标准《钢结构焊接规范》GB 50661 要求。

3.2.8　所有材料应分批量进场，并经检验达到设计要求。

3.2.9　机具

1　制桩机具：钢筋调直机、弯曲机、切断机、对焊机、电焊机、混凝土搅拌机、翻斗车或手推车、插入式高频振捣器等。

2　运输机具：大型拖车、汽车起重机或履带式起重机、垫木等。

3　沉桩机械：柴油打桩机或振动沉桩机、静压桩机等。

4　接桩机具：电焊机等。

4　操作工艺

4.1　工艺流程

制桩 → 起吊、运输、堆放 → 试桩 → 沉桩

4.2　制桩

4.2.1　制作程序：现场整平、压实→制作底模→支侧模→绑扎钢筋笼并入模→浇筑混凝土→养护→拆模→支设间隔仓端模→绑扎间隔仓钢筋笼并入模→浇筑间隔仓混凝土→养护→拆间隔仓端模→同法间隔重叠制作第 n 层桩。

4.2.2　现场整平、压实

制桩场地布置时应考虑吊桩设备的安装、拆卸和运桩的便利，并做好排水设计以防场地浸水变形。场地应平整、坚实、排水良好，不得产生不均匀沉降，满足地基承载力要求。

4.2.3　制作底模

制桩场地整平、压实后，用 C10 细石混凝土做 10cm 垫层，表面用水泥砂浆抹平、压光，用以做底模。底模必须平整、坚实。表面平整度不大于 3mm。

4.2.4　支侧模

模板采用竹胶组合木模板或钢模板，最外侧两排模板采用斜支撑加固，间隔 1m；中间的模板在间隔仓内竖向插短木板支撑加固，间隔 1m。模板支好后，应及时清理并刷好隔离剂。

4.2.5　绑扎钢筋笼并入模

1　当钢筋直径不小于 20mm 时，宜采用机械接头连接。主筋接头的配置在同一截面内的数量应符合下列规定：

1）当采用闪光对焊和电弧焊时，对于受拉钢筋，不得超过 50%；

2）相邻两根主筋接头截面的距离应大于 35d（d 为主筋直径），并不小于 500mm。

3）必须符合现行行业标准《钢筋焊接及验收规程》JGJ 18 和《钢筋机械连接技术规程》JGJ 107 的规定。

2　箍筋与主筋交接点采用点焊法，钢筋间距要画线，绑扎正确，相邻钢箍扣方向应相互错开、绑扎牢固，严格保证钢筋位置正确及桩的截面尺寸。

3　钢筋笼的焊接要牢固、尺寸正确，焊缝要饱满、均匀一致，对接头预埋件位置准确，与钢筋骨架可靠连接，符合规范或设计要求。

4　吊钩位置正确与桩主筋扎牢。

5　骨架入模时，用临时支架固定其位置，防止骨架挠曲，并垫设好 3cm 厚

的细石混凝土垫块，保证其保护层厚度。要严格保证钢筋位置正确，桩尖应对准纵轴线。

4.2.6　浇筑混凝土

1　严格按设计要求提供合格的商品混凝土，现场坍落度控制在 130～150mm。

2　混凝土运输、浇筑及间歇的全部时间不应超过混凝土的初凝时间，同一根桩的混凝土应连续浇筑。

3　混凝土浇筑时严禁混入杂物，每根桩在浇筑时，混凝土应由桩顶向桩端连续进行，严禁中断。对桩顶和桩尖钢筋密集部分应加强振捣。

4　混凝土试块要求每班至少做 4 组（且混凝土用量不大于 100m³）。2 组标养，2 组同条件养护。制桩时做好浇筑时期、混凝土强度、外观检查、质量鉴定记录。每根桩上标明编号、制作日期。

4.2.7　养护

1　自然养护：在自然温度下浇水进行养护。桩体混凝土在浇筑后 1～2h，应覆盖并浇水养护。浇水次数应能保持混凝土有足够的润湿状态。当温度较低时，应在桩身上覆盖草袋。并填好养护记录。养护时间以达到标准条件下养护 28d 强度的 30% 左右时可拆模。

2　若采用蒸汽养护时，在蒸养后尚应适当增加自然养护天数。

4.2.8　拆侧模

1　侧模拆除时的混凝土强度应能保证桩表面及棱角不受损伤，拆除的模板和支架及时清理并整齐堆放。严禁将模板堆放在刚浇筑完毕的桩体上。

2　模板拆除后桩的外观质量应符合下列要求：表面平整，密实、掉角深度不应超过 10mm，局部蜂窝和掉角的缺损面积不超过全桩总表面积的 0.5%，且不得过分集中；混凝土的收缩裂缝深度不得大于 20mm，宽度不得大于 0.15mm，横向裂缝长度不得超过边长的 1/2。桩顶与桩尖处不得有蜂窝、麻面、裂缝或掉角。

4.2.9　支设间隔仓端模

1　端模采用木模或钢模，为使隔离和起桩方便，应使本次制桩与上次制桩前后错开 15cm 左右，用以起桩时放置千斤顶。

2　间隔仓的隔离剂用石灰水，应涂刷均匀，厚度 1mm，天阴下雨时，用塑料布盖好，防止雨水冲刷隔离剂，混凝土浇筑后造成桩粘结，影响起桩。

4.2.10　绑扎间隔仓钢筋笼并入模、浇筑间隔仓混凝土、养护

施工方法同绑扎钢筋笼并入模、浇筑混凝土、养护。只是浇筑混凝土时，振捣器棒头与（邻桩）下层桩的距离不得小于粗骨料的最大粒径，以防振伤已灌筑的桩。

4.2.11　拆间隔仓端模

养护时间以达到标准条件下养护 28d 强度的 30% 左右时可拆模。

4.2.12　同法间隔重叠制作第 n 层桩

以下层桩体作为底模，依次制作第 2、3……层桩。桩的重叠层数，一般不宜超过 4 层。

4.3　起吊、运输、堆放

4.3.1　起吊

当桩的混凝土达到设计强度标准值的 70% 后方可起吊，吊点应按设计规定设置。在吊索与桩间应加衬垫，起吊应平稳提升，采取措施保护桩身质量，防止撞击和受振动。

4.3.2　运输

1　桩运输时的强度应达到设计强度标准值的 100%。长桩运输可采用平板拖车、平台挂车或汽车后挂小炮车运输；短桩运输亦可采用载重汽车。

2　装载时桩支承应按设计吊钩位置或接近设计吊钩位置叠放平稳并垫实，支撑或绑扎牢固，以防运输中晃动或滑动；桩的叠放层数不得超过三层。

3　行车应平稳，并掌握好行驶速度，防止任何碰撞和冲击。严禁在现场以直接拖拉桩体方式代替装车运输。

4.3.3　堆放

1　堆放场地应平整、坚实，排水良好。桩应按规格、桩号分层叠置，堆放层数不宜超过 4 层。

2　垫木与吊点应保持在同一纵断面上，且各层垫木应上、下对齐，最下一层的垫木应适当加宽加厚，或采用质地良好的枕木。以免因场地浸水，垫木下陷，使底层受弯曲作用而发生断裂。

3　桩的堆放应布置在打桩架附设的起重钩工作半径范围内，并考虑到起吊方向．避免转向。

4.4　试桩

试桩过程中，如发现实际地质情况与设计资料不符时应与有关单位研究处理并对不同截面、不同长度的桩每米锤击数、最终贯入度、总锤击数、桩顶标高、接桩就位所占时间、沉桩时间等详实记录，所得技术数据应存档保管。

4.5　锤击预制桩沉桩

4.5.1　沉桩程序

测量放线 → 就位桩机 → 起吊预制桩 → 稳桩 → 打桩 → 接桩 → 送桩 →

移桩机到下一桩位

133

4.5.2　测量放线

1　定位桩基的轴线，应从建设单位给定的基线开始，并与控制平面位置的基线网相连。在施工中经常对桩基轴线做系统的检查。在打桩区附近应设有水准基点，其位置应不受打桩影响，数量不宜少于两个。

2　单桩实际位置应先用钢钎垂直打入地下 200mm，抽出钢钎后，灌入白灰捣实。用以保证机械碾压后桩点不错位，桩位放完后经监理单位、施工单位技术负责人复核无误后办理交验手续，方准施工，每日打桩前测量工须复测桩位，发现问题立即纠正。

4.5.3　就位桩机

打桩机就位时，要对准桩位，保证垂直稳定，在施工中不发生倾斜、移动。

4.5.4　起吊预制桩

先拴好吊桩用的钢丝绳和索具，然后用索具捆住桩上端吊环附近处，一般不超过 30cm，再起动机器起吊预制桩，使桩尖垂直对准桩位中心，缓缓放下插入土中，位置要准确；再在桩顶扣好桩帽或桩箍，即可除去索具。

4.5.5　稳桩：

桩尖插入桩位后，先用较小的落距冷锤 1～2 次，桩入土一定深度，再使桩垂直稳定。10m 以内短桩可目测或用线坠双向校正，10m 以上或打接桩必须用线坠或经纬仪双向校正，不得用目测。桩插入时垂直度偏差不得超过 0.5%。桩在打入前，要在桩的机面或桩架上设置标尺，以便在施工中观测、记录。

4.5.6　打桩

1　用柴油锤打桩时，要使锤跳动正常。

2　打桩要重锤低击，锤重的选择要根据工程地质条件、桩的类型、结构、密集程度及施工条件来选用。

3　桩开始打入时，桩锤落差宜小（油门控制），桩正常入土。桩尖不宜发生偏移时，可适当增大落距并逐渐提高到规定数值，继续锤击。

4　打桩的顺序，对于密集桩群，自中间向两个方向或向四周对称施打；当一侧毗邻建筑物时，由毗邻建筑物处向另一方向施打；根据基础的设计标高不同而确定沉桩顺序，宜先深后浅；根据桩的规格宜先大后小。

4.5.7　接桩

1　接桩时，接头宜高出地面 0.5～1.0m，不宜在桩端进入硬土层时停顿或接桩。单根桩的沉桩宜连续进行。

2　接桩方法有焊接、螺纹接头、机械啮合接头等。

3　焊接接桩的钢板宜采用低碳钢，焊条宜用 E43。焊接施工时，应注意以下要点：

1）上下节端头预埋件表面应保持清洁。

2）焊接前，要求端头钢板与桩的轴线垂直，钢板平整，以确保相连接后的两桩轴线重合，若上下两桩钢板间有间隙，应用垫铁填实焊牢。

3）焊接时，应先将四角点焊固定，然后对称施焊，确保焊缝高度且连续饱满。

4）桩接头焊接完后，焊缝应在自然条件下冷却 5～10min 方可继续沉桩。

5）上下两节桩之间的间隙应用厚薄适当、加工成楔形的铁片填实焊牢。

6）接桩时，一般在距地面 1m 左右时进行。上下桩节的平面偏差不得大于10mm，节点弯曲矢高符合设计要求。

7）接桩处入土前，要对外露铁件，再次补刷防腐漆。

8）雨天焊接时，应采取防雨措施。

4　采用螺纹接头接桩应符合下列规定：

1）接桩前应检查桩两端制作的尺寸偏差及连接件，无受损后方可起吊施工；

2）接桩时，卸下上下节桩两端的保护装置后，应清理接头残物，涂上润滑脂；

3）应采用专用锥度接头对中，对准上下节桩进行旋紧连接；

4）可采用专用链条式扳手旋紧，锁紧后两端板尚应有 1～2mm 的间隙。

5　采用机械啮合接头接桩应符合下列规定：

1）上节桩下端的连接销对准下节桩顶端的连接槽口，加压使上节桩的连接销插入下节桩的连接槽内；

2）当地基土或地下水对管桩有中等以上的腐蚀作用时，端板应涂厚度为3mm 的防腐材料。

4.5.8　送桩

当桩顶标高较低，须送桩入土时，应用钢制送桩器放于桩头上，锤击送桩器将桩送入土中。

4.5.9　移下一桩位

1　当桩顶标高和贯入度都达到设计要求后，桩机移位进行下一桩施工。

2　当桩已打到接近设计标高时，应检查以下内容：

1）桩帽的弹性垫层是否正常；

2）锤击是否偏心；

3）桩顶是否破坏。

3　贯入度的控制，应通过试桩或打桩试验确定；

1）当桩端（指桩的全断面）位于一般土层时（摩擦为主的桩），以控制桩端设计标高为主，贯入度可作参考。

2）当桩端达到坚硬～硬塑的黏性土、中密以上粉土、砂土、碎石类土、风化岩时（即端承桩），以贯入度控制为主，桩端标高可作参考。

3）摩擦桩和摩擦端承桩的控制入土深度，应以标高为主，贯入度作参考。

4）贯入度已达到而桩顶标高未达到时，应继续锤击 3 阵，按每阵 10 击的贯入度不大于设计规定的数值加以确认，必要时施工控制贯入度应与有关单位会商确定。

4.6　静压预制桩沉桩

4.6.1　沉桩程序

测量放线 → 就位桩机 → 起吊预制桩 → 稳桩、压桩 → 接桩 → 送桩 →

移桩机到下一桩位

4.6.2　起吊预制桩

启动门架支撑油缸，使门架作微倾 15°，以便吊插预制桩。起吊预制桩时先拴好吊装用的钢丝绳及索具，然后应用索具捆绑桩上部约 50cm 处，起吊预制桩，使桩尖垂直对准桩位中心缓缓插入土中，回复门架，在桩顶扣好桩帽，卸去索具，桩帽与桩顶之间应有相适应的衬垫，一般采用硬木板，其厚度为 10cm 左右。

4.6.3　稳桩、压桩

1　当桩尖插入桩位后，微微启动压桩油缸，待桩入土至 50cm 时，再次校正桩的垂直度和平台的水平度，使桩的纵横双向垂直偏差不超过 0.5%。然后再启动压桩油缸把桩徐徐压下，控制施工速度不超过 2m/min。

2　抱压式液压压桩机压桩应符合下列规定：

1）压桩机应保持水平；

2）桩机上的吊机在进行吊桩、喂桩过程中，压桩机严禁行走和调整；

3）压桩过程中应控制桩身垂直度偏差不大于 1/100；

4）压桩过程中严禁浮机。

4.6.4　静压桩的终压的控制标准应符合下列规定：

1　静压桩应以标高为主，压力为辅；

2　静压桩终压标准可结合现场试验结果确定；

3　终压连续复压次数应根据桩长及地质条件等因素确定，对于入土深度大于或等于 8m 的桩，复压次数可为 2～3 次，对于入土深度小于 8m 的桩，复压次数可为3～5次。

4 稳压压桩力不应小于终压力，稳定压桩时间宜为5～10s。

4.6.5 其他施工方法同锤击预制桩

5 质量标准

5.0.1 预制桩钢筋骨架主控项目质量检验标准见表20-1。

预制桩钢筋骨架主控项目质量检验标准　　　　　表20-1

检查项目	允许偏差或允许值		检查方法
	单位	数值	
主筋距桩顶距离	mm	±5	用钢尺量
多节桩锚固钢筋位置	mm	5	用钢尺量
多节桩预埋铁件	mm	±3	用钢尺量
主筋保护层厚度	mm	±5	用钢尺量

5.0.2 预制桩钢筋骨架一般项目质量检验标准见表20-2。

预制桩钢筋骨架一般项目质量检验标准　　　　　表20-2

检查项目	允许偏差或允许值		检查方法
	单位	数值	
主筋间距	±5		用钢尺量
桩尖中心线	10		用钢尺量
箍筋间距	±20		用钢尺量
桩顶钢筋网片间距	±10		用钢尺量
多节桩锚固钢筋长度	±10		用钢尺量

5.0.3 锤击预制桩主控项目质量检验标准见表20-3。

锤击预制桩主控项目质量检验标准　　　　　表20-3

检查项目	允许偏差或允许值		检查方法
	单位	数值	
承载力	不小于设计值		静载试验、高应变法等
桩身完整性	—		低应变法

5.0.4 锤击预制桩一般项目质量检验标准见表20-4。

锤击预制桩一般项目质量检验标准　　　　　　　表 20-4

检查项目			允许偏差或允许值		检查方法
			单位	数值	
成品桩质量			表面平整，颜色均匀，掉角深度小于 10mm，蜂窝面积小于总面积的 0.5%		查产品合格证
桩位	带有基础梁的桩	垂直基础梁的中心线	mm	$\leqslant 100+0.01H$	全站仪或用钢尺量
		沿基础梁中心线	mm	$\leqslant 150+0.01H$	
	承台桩	桩数为 1～3 根桩基中的桩	mm	$\leqslant 100+0.01H$	
		桩数大于或等于 4 根桩基中的桩	mm	$\leqslant 1/2$ 桩径$+0.01H$ 或 $1/2$ 边长$+0.01H$	
接桩	电焊条质量		设计要求		查产品合格证
	焊缝咬边深度		mm	$\leqslant 0.5$	焊缝检查仪
	焊缝加强层高度		mm	$\leqslant 2$	焊缝检查仪
	焊缝加强层宽度		mm	$\leqslant 3$	焊缝检查仪
	焊缝电焊质量外观		无气孔、无焊瘤，无裂缝		目测法
	焊缝探伤检验		设计要求		超声波或射线探伤
	电焊结束后停歇时间		min	$\geqslant 8(3)$	用表计时
	上下节平面偏差		mm	$\leqslant 10$	用钢尺量
	节点弯曲矢高		同桩体弯曲要求		用钢尺量
收锤标准			设计要求		用钢尺量或查沉桩记录
桩顶标高			mm	± 50	水准测量
垂直度			$\leqslant 1\%$		经纬仪测量

注：括号中为采用二氧化碳气体保护焊时的数值。

5.0.5 静压预制桩主控项目质量检验标准见表 20-5。

静压预制桩主控项目质量检验标准　　　　　　　表 20-5

检查项目	允许偏差或允许值		检查方法
	单位	数值	
承载力	不小于设计值		静载试验、高应变法等
桩身完整性	—		低应变法

5.0.6 静压预制桩一般项目质量检验标准见表 20-6。

静压预制桩一般项目质量检验标准　　**表 20-6**

检查项目			允许偏差或允许值		检查方法
			单位	数值	
成品桩质量			表面平整，颜色均匀，掉角深度小于 10mm，蜂窝面积小于总面积的 0.5%		查产品合格证
桩位	带有基础梁的桩	垂直基础梁的中心线	mm	$\leqslant 100+0.01H$	全站仪或用钢尺量
		沿基础梁中心线	mm	$\leqslant 150+0.01H$	
	承台桩	桩数为 1～3 根桩基中的桩	mm	$\leqslant 100+0.01H$	
		桩数大于或等于 4 根桩基中的桩	mm	$\leqslant 1/2$ 桩径 $+0.01H$ 或 $1/2$ 边长 $+0.01H$	
接桩	电焊条质量		设计要求		查产品合格证
	焊缝咬边深度		mm	$\leqslant 0.5$	焊缝检查仪
	焊缝加强层高度		mm	$\leqslant 2$	焊缝检查仪
	焊缝加强层宽度		mm	$\leqslant 3$	焊缝检查仪
	焊缝电焊质量外观		无气孔、焊瘤、裂缝		目测法
	焊缝探伤检验		设计要求		超声波或射线探伤
	电焊结束后停歇时间		min	$\geqslant 6(3)$	用表计时
	上下节平面偏差		mm	$\leqslant 10$	用钢尺量
	节点弯曲矢高		同桩体弯曲要求		用钢尺量
终压标准			设计要求		现场实测或查沉桩记录
桩顶标高			mm	± 50	水准测量
垂直度			$\leqslant 1\%$		经纬仪测量
混凝土灌芯			设计要求		查灌注量

注：括号中为采用二氧化碳气体保护焊时的数值。

6　成品保护

6.0.1　混凝土预制桩达到设计强度的 70% 方可起吊；达到 100% 才能运输和打桩，30m 以上的长桩或锤击大于 500 击的桩，养护期应达到 28d，设计强度达到 100%，方可起吊、运输。

6.0.2　桩在起吊、运输时必须做到平稳并不得损坏。吊点须符合设计规定；钢丝绳与桩间应加衬垫。

6.0.3　混凝土桩堆放场地面要平整，坚实，垫木要稳，支点位置正确，雨期施工还应做好地面排水，并注意观察，以免桩体中间受力。

6.0.4　运输道路应注意修整与维护，保证运输车辆行驶平稳，特别是运输长桩更应注意维修道路。雨雪天路滑时不宜运桩。

6.0.5　桩由水平位置竖起直至立于桩架上的全部过程均要平稳地进行，防止碰撞、歪扭、快起、急停。

7　注意事项

7.1　应注意的质量问题

7.1.1　桩在出厂前，应在桩身用不易磨掉的颜色标明桩的断面尺寸、长度、编号、制作日期（无吊环时应标明吊点的位置），并有出厂合格证。

7.1.2　为避免实际施工中因地质差异和运输条件等意外情况，出现损坏而影响工程进度，故应制做一定数量的备用桩。

7.1.3　遇到下列情况，应暂停打桩，并及时与有关单位研究处理：贯入度剧变；桩身突然发生倾斜、移位或有严重回弹；桩身出现严重裂缝或破碎。

7.1.4　施工现场应配备桩身垂直度观测仪和观测人员，随时量测桩身垂直度。

7.1.5　沉桩顺序，应按先深后浅、先大后小、先长后短、先密后疏的次序进行。

7.1.6　静压桩机的型号和配重的选用应根据地质条件、桩型、桩的密集程度、单桩竖向承载力等再有施工条件等因素确定。设计压桩力不应大于机架和配重重量的 0.9 倍。边桩净空不能满足中置式压桩机施压时，宜选用前置式液压压桩机进行施工。

7.2　应注意的安全问题

7.2.1　邻近原有建筑物（构筑物）打桩时，应采取适当的隔振措施，如开挖隔振沟，打隔离板桩及砂井排水等，并宜采用预钻取土打桩。

7.2.2　软土地基或已有建筑物附近打桩，应采取相应的技术安全措施，以保证安全生产和建筑物的安全，否则易采用压桩法施工。

7.2.3　拔出送桩器后桩孔应立即回填。

7.2.4　坑下打桩必须设专人每日对边坡稳定进行检查，并根据打桩设备情况对桩机稳定进行核算，保证安全生产。

7.2.5　随时检查桩锤悬挂是否正确、牢靠，在移动打桩机、机架中途检修或其他原因而中途暂停打桩作业时，应将桩锤放下或临时加以固定，架上工作台、扶梯等应有保护栏杆。

7.2.6　施工作业要有统一指指挥，遵守安全操作规程，注意人身安全。

7.2.7　现场人员必须戴安全帽，机电操作人员必须穿绝缘鞋、戴绝缘手套。

7.2.8　电焊机应设置单独的开关箱，作业时应穿戴防护用品，施焊完毕，拉闸上锁。遇雨雪天，应停止露天作业。

7.3　应注意的绿色施工问题

7.3.1　施工过程环境保护应符合现行行业标准《建设工程施工现场环境与卫生标准》JGJ 146 的有关规定。

7.3.2　临时设施应建在安全场所，临时设施及辅助施工场所应采取环境保护措施，减少土地占压和生态环境破坏。

7.3.3　施工现场应在醒目位置设置环境保护标识。

7.3.4　打桩过程应注意施工噪音和对周围居民生活的影响，在居民住宅区附近施工，早 7：30 前，晚 7：00 后不得锤击桩作业。

7.3.5　机械维修时产生的污水、废油等排放对周围环进的影响，应及时对污水进行处理，对废油进行回收。

7.3.6　现场整平时弃土及废弃物对周围环境的影响，弃土按甲方指定路线运至弃土场地，并不得沿路抛洒，现场不得丢弃快餐盒、饮料瓶等生活垃圾。

8　质量记录

8.0.1　桩位测量放线图。

8.0.2　制作桩的材料试验记录。

8.0.3　桩的制作记录。

8.0.4　试桩、打桩施工记录。

8.0.5　接桩施工记录。

8.0.6　桩位竣工平面图。

8.0.7　桩的静载荷或动载荷试验资料和确定桩贯入度的记录。

8.0.8　桩的出场合格证。

8.0.9　打桩检验批、分项工程质量检验评定表。

8.0.10　静压桩检验批、分项工程质量检验评定表。

8.0.11　预制桩钢筋加工记录。

8.0.12　预制桩混凝土施工记录。

8.0.13　钢筋隐蔽工程检查验收记录。

8.0.14　混凝土强度试验报告。

8.0.15　地基承载力检测报告。

第 21 章　人工成孔灌注桩

本工艺标准适用于地下水位以上的黏性土、粉土、填土、中等密实以上的砂土及风化岩层等的人工成孔灌注桩工程。

1　引用标准

《建筑地基基础工程施工规范》GB 51004—2015；
《建筑桩基技术规范》JGJ 94—2008；
《建筑基桩检测技术规范》JGJ 106—2014；
《大直径扩底灌注桩技术规程》JGJ/T 225—2010；
《建筑地基工程施工质量验收标准》GB 50202—2018；
《混凝土结构工程施工规范》GB 50666—2011；
《混凝土结构工程施工质量验收规范》GB 50204—2015。

2　术语 （略）

3　施工准备

3.1　作业条件

3.1.1　施工前，应具备施工场地的工程地质资料，会审施工图纸，编制施工组织设计或施工方案。

3.1.2　开挖前，场地完成三通一平，地上或地下障碍物已清除，照明、安全等设施准备就绪。

3.1.3　如雨期施工，应采取有效排水措施；在地下水位比较高的区域，应降低地下水位至桩底以下 0.5m 左右。

3.1.4　施工前，应复核测量基线、水准点及桩位。在不受桩基施工影响处，设置桩基轴线的定位控制点及施工所用水准点，并注意保护。

3.1.5　全面开挖之前，有选择地先挖两个试验桩孔，分析土质、水文等有关情况，并确定施工工艺。

3.2　材料及机具

3.2.1　水泥：宜采用普通硅酸盐或矿渣硅酸盐水泥。

3.2.2　砂：中砂或粗砂，含泥量不大于 5%。

3.2.3　石子：粒径为 10～40mm 且不大于 1/3 钢筋主筋净距的卵石或碎石，含泥量不大于 2%。

3.2.4　水：宜采用饮用水或不含有害物质的洁净水。

3.2.5　外加剂、掺合料：根据气候条件、工期和设计要求等，通过试验确定。

3.2.6　钢筋：钢筋的级别、规格应符合设计要求。

3.2.7　机具：卷扬机组、电动葫芦、辘轳、插入式振捣器、高扬程水泵、电焊机、钢筋切割机和制作平台，以及活动爬梯、短柄铁锹、镐、铲，测锤、支护模板、支撑、36V 或 12V 变压器、照明设备、鼓风机和输风管等。

4　操作工艺

4.1　工艺流程

测量放线 → 开挖第一节桩孔土方 → 支模及浇筑第一节护壁混凝土 →
开挖第二节桩孔土方 → 拆第一节护壁模板 → 支第二节护壁模板 →
浇筑第二节护壁混凝土 → 逐层循环作业 → 成孔检查 → 制作、吊放钢筋笼 →
浇筑混凝土

4.2　测量放线

用施工前复测的基线或轴线控制桩，准确定出桩位，再在桩外不易损坏处设置龙门桩，用于恢复中心点，控制孔中心。

4.3　开挖第一节桩孔土方

开挖桩孔由人工从上到下逐层用镐、锹进行，遇到硬土层，用锤、钎破碎。挖土顺序为先挖中间，后挖周边，开挖深度一般为 1.0m。

4.4　支模及浇筑第一节护壁混凝土

4.4.1　护壁模板之间用卡具扣件连接固定，上下设两个半圆组成的钢圈顶紧，不另设支撑。

4.4.2　第一节井圈中心线与设计轴线偏差不得大于 20mm，井圈顶面应比场地高出 150～200mm，井圈壁厚应比下面井壁厚度增加 100～150mm。

4.4.3　支好模板后，应立即浇筑混凝土，人工浇筑分层捣实。混凝土强度等级采用 C25 或 C30，厚度一般取 100～150mm，加配直径为 6～8mm 的钢筋。

4.5　开挖第二节桩孔土方

4.5.1　第一节护壁做好后，将桩控制轴线和标高测设在护壁上口，然后用十字线对中，吊线坠向井底投设。开挖第二节桩孔土方，并以护壁上口基准点测量孔深。

4.5.2 吊运土方时应注意安全，孔内人员必须戴好安全帽，孔口应设活动安全盖板。

4.6 拆第一节护壁模板，支第二节护壁模板

拆除第一节护壁模板，支第二节护壁模板，上下节护壁搭接长度不小于50mm。

4.7 浇筑第二节护壁混凝土

将拌制好的混凝土送至孔底后，由孔下人员浇筑并振捣密实。

4.8 逐层循环作业

4.8.1 逐层往下循环作业至设计深度。如挖扩底桩，应先将扩底部分桩身的圆柱体挖好，再挖扩底部位的尺寸、形状，自上而下削土达到设计要求。

4.8.2 每节护壁应在当日施工完毕，护壁模板宜在24h后拆除。

4.8.3 当挖孔时遇到局部或厚度不大于1.5m的流动性淤泥和可能出现涌土、涌沙时，护壁高度可减少到300～500mm，并随挖、随验、随浇混凝土。也可采用钢护筒或有效的降水措施。

4.8.4 护壁同一水平面的井圈，任意直径的极差不得大于50mm。

4.9 成孔检查

4.9.1 施工中每挖好一节桩孔，应吊中、轮圆一次。当挖好第一节桩孔时，应在距桩口500mm外测平并设测平桩，以控制桩孔的深度。

4.9.2 成孔以后，应对桩身直径、桩头尺寸、孔底标高、井壁垂直、虚土厚度进行全面检查，做好施工记录。

4.10 吊放钢筋笼

钢筋笼放入前应先绑好砂浆垫块，吊放钢筋笼时，要对准孔位，吊直扶稳，缓慢下沉，避免碰撞孔壁。钢筋笼放到设计位置时，应立即固定。遇有两段钢筋笼连接时，应采取焊接，以确保钢筋的位置正确，保证层厚度符合要求。

4.11 浇筑混凝土

放溜筒浇筑混凝土，在放溜筒前应再次检查和测量钻孔内虚土厚度，浇筑混凝土时应连续进行，分层振捣密实，分层高度以捣固的工具而定，一般不得大于1.5m。

混凝土浇筑到桩顶时，应适当超过桩顶设计标高，以保证在凿除浮浆后，桩顶标高符合设计要求。

5 质量标准

5.0.1 混凝土灌注桩钢筋笼质量检验标准

混凝土灌注桩钢筋笼质量检验标准及检查方法见表21-1。

混凝土灌注桩钢筋笼质量检验标准及检查方法　　　表 21-1

项目	序	检查项目	允许偏差或允许值（mm）	检查方法
主控项目	1	主筋间距	±10	用钢尺量
	2	长度	±100	用钢尺量
一般项目	1	钢筋材质检验	设计要求	抽样送检
	2	箍筋间距	±20	用钢尺量
	3	直径	±10	用钢尺量

5.0.2　混凝土灌注桩质量检验标准

混凝土灌注桩质量检验标准及检查方法见表21-2。

干作业成孔灌注桩质量检验标准　　　表 21-2

项目	序号	检查项目	允许值或允许偏差		检查方法
			单位	数值	
主控项目	1	承载力	不小于设计值		静载试验
	2	孔深及孔底土岩性	不小于设计值		测钻杆套管长度或用测绳、检查孔底土岩性报告
	3	桩身完整性	—		钻芯法（大直径嵌岩桩应钻至桩尖下500mm），低应变法或声波透射法
	4	混凝土强度	不小于设计值		28d试块强度或钻芯法
	5	桩径	≥0		井径仪或超声波检测，于作业时用钢尺量，人工挖孔桩不包括护壁厚
一般项目	1	桩位	≤50+0.005H（mm）		全站仪或用钢尺量，基坑开挖前量护筒，开挖后量桩中心
	2	垂直度	≤1/200		经纬仪测量或线坠测量
	3	桩顶标高	mm	+30 −50	水准仪测量
	4	混凝土坍落度	mm	90～150	坍落度仪
	5	钢筋笼质量	主筋间距　mm	±10	用钢尺量
			长度　mm	±100	用钢尺量
			钢筋材质检验	设计要求	抽样送检
			箍筋间距　mm	±20	用钢尺量
			笼直径　mm	±10	用钢尺量

注：H为桩基施工面至设计桩顶的距离（mm）。

6　成品保护

6.0.1　钢筋笼在制作、运输及安装过程中，应采取防止变形措施。

6.0.2　成孔后，对孔应妥善保护，不得掉进土及其他杂物，不得在吊放钢筋笼时碰撞孔壁。

6.0.3　桩头达到设计强度的70%前，不得碰撞、碾压，以防桩头破坏。桩头外留主筋应妥善保护，不得任意弯折或切断。

6.0.4　开挖基础时，应预留桩顶标高以上0.5～0.8m土采用人工开挖，以防成桩受损。

6.0.5　灌注桩施工完毕进行基础开挖时，应制定合理的施工顺序和技术措施，防止桩的位移和倾斜，并应检查每根桩的纵横水平偏差。

7　注意事项

7.1　应注意的质量问题

7.1.1　如遇孔底积水，可在井底挖一积水坑，采用潜水泵排出地面。如遇上层滞水，可采取快凝混凝土护壁，也可局部采用钢套筒支护防止坍塌。

7.1.2　施工中如遇塌孔，一般可在塌孔处用砖砌成外模并配适量钢筋，再支模及浇筑混凝土护壁；也可采用钢套筒支撑防护，或采用短臂预制拼装式钢筋混凝土井圈。扩底时，为防止扩大头处塌方，可采取间隔挖土扩底施工，留一部分土方作为支撑，待浇筑混凝土前再挖除。

7.1.3　发现护壁有蜂窝、漏水现象时，应及时补强以防造成事故。

7.1.4　放置钢筋笼后且浇筑混凝土前，应再次测孔内虚土厚度，并及时进行处理。

7.2　应注意的安全问题

7.2.1　施工安全应符合现行行业标准《建筑施工安全检查标准》JGJ 59的有关规定。

7.2.2　操作人员应经过安全教育后进场。施工过程中应定期召开安全工作会议及开展现场安全检查工作。

7.2.3　机电设备应由专人操作，并应遵守操作规程。

7.2.4　现场施工人员必须戴安全帽。井下人员工作时，井上配合人员不能擅离职守；孔口边1m范围内不得有任何杂物和机动车辆的通行。

7.2.5　桩孔内必须设应急软爬梯。供人员上下井使用的电葫芦、吊笼等应安全可靠，并配有自动卡紧保险装置，不得使用麻绳吊挂或脚踏井壁凸缘上下；电葫芦宜用按钮式开关，使用前必须检验其安全起吊能力。

7.2.6 每日开工前，必须检测井下的有毒有害气体，并应有足够的安全防护措施。桩孔开挖深度超过 10m 时，应有专门向井下送风的设备，风量不宜少于 25L/s。

7.2.7 孔口周围必须设置护栏，一般加 0.8m 高的围栏围护。

7.2.8 施工现场的一切电路的安装和拆除，必须由持证电工操作。电器应严格接地、接零和使用漏电保护器；各孔用电必须分闸，严禁一闸多用；孔外电缆应架空 2.0m 以上，严禁拖地和埋压土中，孔内电缆电线应有防磨损、防潮、防断等保护措施。照明应采用安全矿灯或 12V 以下的安全灯。

7.3　应注意的绿色施工问题

7.3.1 施工过程中，应采取防尘、降尘措施，控制作业区扬尘。对施工现场的主要道路，宜进行硬化处理或采取其他扬尘控制措施。对可能造成扬尘的露天堆储材料，宜采取扬尘控制措施。

7.3.2 施工过程中，应对材料搬运、施工设备和机具作业等采取可靠的降低噪声措施。施工作业在施工场界的噪声级应符合现行国家标准《建筑施工场界环境噪声排放标准》GB 12523 的有关规定。

7.3.3 施工过程中，应采取光污染控制措施。对可能产生强光的施工作业，应采取防护和遮挡措施。夜间施工时，应采用低角度灯光照明。

7.3.4 对施工过程中产生的污水，应采取沉淀、隔油等措施进行处理，不得直接排放。运送泥浆和废弃物时，应用封闭的罐装车。

7.3.5 施工过程中，对施工设备和机具维修、运行、存储时的漏油，应采取有效的隔离措施，不得直接污染土壤。漏油应统一收集并进行无害化处理。

7.3.6 施工过程的环境保护应符合现行行业标准《建设工程施工现场环境与卫生标准》JGJ 146 的有关规定。

7.3.7 施工现场应在醒目位置设环境保护标识。

8　质量记录

8.0.1 测量放线记录。

8.0.2 砂、石、水泥、钢材、电焊条等原材料合格证、出厂检验报告和进场复验报告。

8.0.3 钢筋接头力学性能试验报告。

8.0.4 钢筋加工检验批质量验收记录。

8.0.5 钢筋隐蔽工程检查验收记录。

8.0.6 混凝土灌注桩（钢筋笼）工程检验批质量验收记录。

8.0.7 混凝土配合比通知单。

8.0.8 混凝土原材料及配合比设计。

8.0.9 商品混凝土出厂合格证及配比单等。

8.0.10 混凝土施工检验批质量验收记录。

8.0.11 混凝土试件强度试验报告。

8.0.12 混凝土灌注桩工程检验批质量验收记录。

8.0.13 试桩记录。

8.0.14 人工成孔施工记录。

8.0.15 桩位竣工平面图。

8.0.16 地基承载力试验记录。

8.0.17 钢筋混凝土预制桩分项工程质量验收记录。

8.0.18 其他技术文件。

第22章　冲击钻成孔灌注桩

本工艺标准适用于黄土、黏性土、粉质黏土和人工杂填土层的泥浆护壁成孔灌注桩，特别适合有孤石的砂砾层、漂石层、坚硬土层、岩层中使用，对流砂层亦可克服，但对淤泥质土应慎重使用。

1　引用文件

《建筑桩基技术规范》JGJ 94—2008；

《建筑地基处理技术规范》JGJ 79—2012；

《建筑地基基础工程施工规范》GB 51004—2015；

《建筑地基工程施工质量验收标准》GB 50202—2018；

《建筑工程施工质量验收统一标准》GB 50300—2013。

2　术语

2.1　泥浆护壁：用机械进行成孔时，为了防止塌孔，在孔内用相对密度大于1的泥浆进行护壁的一种成孔施工工艺。

2.2　**冲击钻成孔灌注桩**

冲击钻成孔灌注桩是用冲击式钻孔架悬吊冲击钻头（冲锤）上下往复冲击，将土层或岩层破碎成孔，部分碎渣和泥渣挤入孔壁中，大部分成为泥渣，用泥浆循环带出成孔，然后再灌注混凝土成桩。

3　施工准备

3.1　材料及机具

3.1.1　钢筋：品种、规格符合设计要求，有出厂合格证及复试合格报告。

3.1.2　水泥：宜采用强度等级32.5～42.5级普通硅酸盐水泥或矿渣硅酸盐水泥。

3.1.3　砂：中砂或粗砂，含泥量符合设计要求。

3.1.4　石子：粒径为10～40mm且不大于1/3钢筋主筋净距的卵石或碎石，含泥量不大于2%，针片状颗粒不超过25%。

3.1.5　水：应用自来水或不含有害物质的洁净水。

3.1.6　黏土：宜选择塑性指数 $I_P \geqslant 17$ 的黏土。

3.1.7　外加剂：根据施工需要通过试验确定，外加剂应有产品出厂合格证。

3.1.8　泥浆又称稳定液，泥浆成分主要有水、塑性指数大于 17 的黏性土、膨润土、增粘剂、分散剂等。

3.1.9　泥浆制作材料主要有：膨润土、CMC，羧甲基纤维素钠盐、碱类（Na_2CO_3 及 $NaHCO_3$）、PHP 等。

3.1.10　泥浆的性能指标：相对密度 $1.1 \sim 1.15$；黏度 $18 \sim 28s$；含砂率 $\leqslant 8\%$。

3.1.11　机械设备及主要机具：冲击钻孔机、起重吊车、翻斗车或手推车、搅拌机、混凝土导管、储料斗、水泵、水箱、泥浆泵、铁锹、胶皮管、清孔设备、钢筋加工机械等。

3.2　作业条件

3.2.1　确定成孔机具的进行路线和成孔顺序，编制施工方案，做好施工技术交底。

3.2.2　架空线路、地下管线及构筑物等地上、地下障碍物已处理完毕，达到"三通一平"条件。

3.2.3　施工用的临时设施、泥浆循环系统，按平面布置图准备就绪。泥浆循环系统包括泥浆池、沉淀池、泥浆槽及泥浆泵等设施。

3.2.4　对不利于施工机械运行的松软场地需经夯实与碾压，场地应采取有效的排水措施。

3.2.5　正式施工前，应进行一次整体设备运转，做数量不少于两根的成孔试验，以核对地质资料，检验所选择的设备、机具、施工工艺及技术要求的合理性，指导整个施工。

3.2.6　基桩轴线的控制点和水准点经复测后要妥善保护。

3.2.7　操作人员应经过理论与实际施工操作的培训，并持证上岗。

4　操作工艺

4.1　工艺流程

放线定桩位 → 埋设护筒 → 置备泥浆 → 钻机就位 → 冲击成孔 → 清孔 →

钢筋笼制作 → 吊放钢筋笼 → 安放导管 → 二次清孔 → 浇筑混凝土 → 成桩

4.2　放线定桩位

根据图纸放出桩位点，定位后采取灌白灰和打入钢筋等措施，保证桩位标记明显准确，经现场监理工程师复核无误后施工。

4.3　埋设护筒

4.3.1　护筒：在孔口埋设圆形 4～8mm 钢板护筒，内径为桩径＋100mm；高度由地质条件确定，黏性土中不宜小于 1.2m，在砂土中不宜小于 1.7m。

4.3.2　在护筒的上部设两吊环，一为起吊用，二为绑扎钢筋笼吊筋，压制钢筋笼的上浮。同时，护筒顶端正交刻四道槽，以便挂十字线，以备验护筒、验孔之用。同时，在护筒顶端设置一溢浆口（高×宽＝200mm×300mm）。

4.3.3　护筒埋设

1　根据已确定桩位，按轴线方向设置控制桩并找出护筒中心。

2　将护筒竖直放入坑底整平后的预挖坑后，四周即用黏土回填、分层夯实，其位置偏差不宜大于 20mm，埋设好的护筒溢浆口应高出地面 0.1～0.3m。

3　当护筒采用挖埋式时，黏性土埋设深度不宜小于 1m，砂土中不宜小于 1.5m，并应保证孔内泥浆液面高于地下水位 1m 以上。松软地层中埋设护筒时可将松软土挖除 0.5m，换黏土分层夯实。当换土不能满足要求时，须将护筒加长，尽可能使筒落在硬土层上。

4　采用填筑式埋设护筒时，其顶面应高出施工水位 1.5m 以上或适当提高护筒顶面标高。

4.3.4　钢护筒的中心应与桩中心重合，中心偏差不大于 50mm，垂直度不大于 1/200。

4.4　制备泥浆

4.4.1　泥浆的配制应根据钻孔的工程地质情况、孔位、钻机性能等确定。泥浆材料的选定和基本配合比确定应以最容易坍塌的土层为主，初步确定泥浆的配合比，并通过试桩成孔做进一步的修正。

4.4.2　泥浆拌制的顺序：先注入规定数量的清水，边搅拌边放入膨润土，拌制 30min，然后加入纯碱、最后再均匀投入 CMC、PHP 等外加剂水解液，使其充分搅拌混合，静置 12h 后使用。

4.5　钻机就位

钻孔机应对准桩孔中心，必须保持平稳，不发生倾斜、位移。为准确控制钻孔深度，应在机架上或机管上做出控制的标尺，以便在施工中进行观测、记录。

4.6　冲击成孔

4.6.1　开机前护筒内填入足够的黏土和水，保证开机就能造出泥浆，使护壁和护筒连成整体。

4.6.2　在各种不同土层和岩层中钻进时，可按表 22-1 的施工要点进行。

不同土层冲击钻进施工要点   表 22-1

适用土层	施工要点
在护筒刃脚下 2m 以内	泥浆相对密度 1.2～1.5，软弱层投入黏土块、小片石，小冲程 1m 左右
黏土或粉质黏土层	清水或稀泥浆，经常清除钻头上的泥块，中小冲程 1～2m
粉砂或中粗砂层	泥浆相对密度 1.2～1.5，投入黏土块，勤冲勤掏碴，中冲程 2～3m
砂、卵石层	泥浆相对密度 1.3，投黏土块，中高冲程 2～4m，勤捣碴
基岩	泥浆相对密度 1.3，高冲程 3～4m，勤掏碴
软弱土层或塌孔回填重钻	泥浆相对密度 1.3～1.5，小冲程反复冲击，加黏土块夹小片石

4.6.3 开始钻基岩时，可采用大冲程、低频率冲击，以免偏斜。如发现钻孔偏斜，应立即回填片石至偏孔上方 0.3～0.5m，重新钻进。

4.6.4 遇孤石时可预爆或采用高低冲程交替冲击，将孤石击碎或挤入孔壁。

4.6.5 必须准确控制松绳长度避免打空锤，一般不宜用高冲程，以免扰动孔壁，引起塌孔、扩孔或卡钻等。

4.6.6 每钻进 4～5m 应验孔一次，在更换钻头前或容易缩孔处理，也要验孔。

4.6.7 经常检查冲击钻头的磨损情况，卡扣松紧程度，转向装置的灵活性。

4.6.8 在岩层中成孔，桩端持力层应按每 100～300mm 清孔取样，非桩端持力层按每 300～500mm 清孔取样。

4.6.9 钻孔至设计深度，经现场监理复测后移走钻机。

4.7 清孔

4.7.1 冲孔桩，孔壁土质较好，不易塌孔者可用空气吸泥机清孔，孔壁土质较差者，可用泥浆循环或抽碴筒抽碴清孔。在黏土和粉质黏土中成孔时，排渣泥浆的相对密度应控制在 1.1～1.2。砂土和较厚的夹砂层控制在 1.1～1.3；砂夹卵石层或容易坍孔的土层控制在 1.3～1.5。

4.7.2 在清孔过程中，应不断置换泥浆，直到灌注水下混凝土。

4.8 钢筋笼制作

4.8.1 钢筋笼主筋的连接方式主要有焊接和机械连接，在同一截面内的钢筋接头数不得多于主筋总数的 50%，两个接头点间的距离不应小于 $35d$，且最小不得小于 500mm。

钢筋笼加劲筋通过制作定型模具，批量生产。加劲筋在组装钢筋笼前，接头只点焊，待和主筋组装好后，才可对接头进行单面或双面搭接施焊，以避免钢筋局部受热变形。

4.8.2 钢筋笼拼装

1 首先在钢筋笼骨架成形架上安放加劲筋，在加劲筋上标出主筋位置，然后将主筋依次点焊在加劲筋上，确保主筋与加劲筋相互垂直。当钢筋笼直径比较大时，应在加劲筋上焊接十字钢筋支撑，确保加劲筋不变形。

2 将骨架推至外箍筋滚动焊接器上，按规定的间距缠绕箍筋，并用电弧焊将主筋与箍筋固定。

3 将主筋与箍筋用绑丝跳点、双丝绑扎牢固。

4 当钢筋笼采用直螺纹套筒连接时，应将两节钢筋笼节段在一起加工，加工完毕，做好标记，将两节钢筋笼连接的直螺纹套筒用扳手拧开，将第一节钢筋笼吊至钢筋笼存放区存放；第三节钢筋笼的制作以第二节钢筋笼为基础进行制作，当第三节钢筋笼加工完毕，将第二、三节钢筋笼间的连接套筒拆开，做完标记后，吊装第二节钢筋笼至钢筋笼存放区存放；按照相同原理进行后序钢筋笼节段的加工。

4.8.3 为确保钢筋笼保护层厚度，沿主筋外侧，每 4m 设立一组钢筋笼定位器，同一截面上均匀地布置 3 个。

4.9 吊放钢筋笼

4.9.1 钢筋笼的吊放要对准孔位、扶稳、缓慢，避免碰撞孔位，到位后立即固定。当下放困难时，应查明原因，不得强行下放。

4.9.2 多节钢筋笼吊放时，应将钢筋笼在孔口接长后再放入孔内，利用先插入孔内的钢筋笼上部架立筋将笼体固定在护筒上，再利用吊装机械将上节钢筋笼临时吊住进行两节钢筋笼的对接和绑扎。

4.9.3 当采用焊接连接钢筋笼时，宜采用绑条焊。钢筋笼现场拼接完成后应经监理单位的确认后沉入孔内。

4.9.4 当钢筋笼对接主筋应采用机械连接。对于少数错位，无法进行丝扣对接，则可采用帮条焊的焊接方法解决，帮条焊要求焊缝平整、密实，焊缝长度符合规范规定，确保焊接强度质量。

4.9.5 钢筋笼的标高定位，可采用锁定式吊杆。吊杆吊环与护筒绑扎在一起，将钢筋笼固定，同时可防止灌注混凝土时钢筋笼的上浮。

4.10 安放导管

4.10.1 浇筑混凝土的导管宜按表 22-2 选用。

浇筑混凝土用导管参数表　　　　　　　　　　　　表 22-2

桩径（mm）	导管直径（mm）	导管壁厚（mm）	过渡能力（m³/h）
800～1250	200	2～5	10
1250～1750	250	3～5	17
＞1750	300	5	25

4.10.2　导管内壁应光滑、圆顺，第一节底管不宜小于 4m。孔口漏斗下，宜配置 0.5m 和 1m 的配套顶管。

4.10.3　导管连接应竖直，接头加橡胶圈予以密封，下端宜高出孔底沉渣面 300～500mm。

4.10.4　导管使用前进行拼装打压，以检查导管是否有砂眼、变形、密封不严的情况，试水压力为 0.6～1.0MPa。

4.11　二次清孔

4.11.1　导管安放工序结束后，检测孔底泥浆和孔底沉渣厚度，若两个条件同时满足要求，可直接灌注混凝土；如果不能同时满足要求，需进行二次清孔。

4.11.2　二次清孔采用正循环换浆法清孔，将泥浆泵的高压管和灌注导管连接密封，开启泥浆泵，进行泥浆循环，当孔底沉渣厚度小于设计要求后应再进行一段时间的泥浆循环，以置换泥浆降低泥浆相对密度，当泥浆相对密度＜1.20 时，方可停止清孔，立即进行灌注，清孔完毕与灌注混凝土的间隔时间不超过 45min，以防孔内沉渣再次沉淀及钻孔缩颈的发生。

4.11.3　灌注混凝土前，孔底 500mm 以内的泥浆相对密度应小于 1.25；含砂率不得大于 8%；黏度不得大于 28s。

4.12　浇筑混凝土

4.12.1　混凝土浇筑前导管中应设置球、塞等隔水，浇筑时，首罐量应保证导管埋深不小于 1m。

4.12.2　预拌混凝土应保证连续供应、连续浇灌。自制混凝土，各种原材料严格过秤，搅拌机必须运转正常并应有备用搅拌机一台。

4.12.3　每根桩的浇筑时间按初盘混凝土的初凝时间控制，桩的超灌高度为 0.8～1.0m。

4.12.4　浇筑混凝土应连续施工，边灌注边拔导管并勤测混凝土顶面上升高度，导管底端必须保证埋入管外的混凝土面以下 2～3m，且不得大于 6m。

4.12.5　在灌注时应防止钢筋笼上浮。在混凝土面距钢筋笼底部 1.0m 左右时，应降低灌注速度。当混凝土面升至钢筋笼底口 4.0m 以上时，提升导管，使导管底口高于骨架底部 2.0m 以上，即可恢复正常速度灌注。

4.12.6　混凝土浇筑到桩顶时，应及时拔出导管并使混凝土标高大于设计标高 500～700mm。

5　质量标准

5.0.1　钢筋笼制作允许偏差见表 22-3。

钢筋笼质量检验标准 表 22-3

项	序	检查项目	允许偏差或允许值	检查方法
一般项目	1	主筋间距	±10mm	用钢尺量
	2	长度	±100mm	用钢尺量
	3	钢筋材质检验	设计要求	抽样送检
	4	箍筋间距	±20mm	用钢尺量
	5	笼直径	±10mm	用钢尺量

5.0.2 灌注桩施工的有关允许偏差见表 22-4、表 22-5。

灌注桩质量检验标准 表 22-4

项	序	检查项目		允许偏差或允许值		检查方法
				单位	数值	
主控项目	1	承载力		不小于设计值		静载试验
	2	孔深		不小于设计值		用测绳或井径仪测量
	3	桩身完整性		—		钻芯法、低应变法、声波透射法
	4	混凝土强度		不小于设计值		28d试块强度或钻芯取样送检
	5	嵌岩深度		不小于设计值		取岩样或超前钻孔取样
一般项目	1	垂直度		见表22-5		超声波或井径仪测量
	2	孔径		见表22-5		超声波或井径仪测量
	3	桩位		见表22-5		全站仪或用钢尺量（开挖前量护筒，开挖后量桩中心）
	4	泥浆指标	相对密度（黏土或砂性土中）		1.10~1.25	用比重计，清孔后在距孔底50cn处取样
			含砂率	%	≤8	洗砂瓶
			黏度	s	18~28	黏度计
	5	泥浆面标高（高于地下水位）		m	0.5~1	目测法
	6	沉渣厚度	端承桩	mm	≤50	用沉渣仪或重锤测量
			摩擦桩	mm	≤150	
	7	混凝土坍落度		mm	180~220	坍落度仪
	8	钢筋笼安装深度		mm	±100	用钢尺量
	9	混凝土充盈系数			≥1.0	实际灌注量与计算灌注量的比
	10	桩顶标高		mm	+30 -50	水准仪，需扣除桩顶浮浆层及劣质桩体
	11	后注浆	注浆终止条件		注浆量不小于设计要求	查看流量表
					注浆量不小于设计要求80%，且注浆压力达到设计值	查看流量表，检查压力表读数
			水胶比		设计值	实际用水量与水泥等胶凝材料的重量比

泥浆护壁灌注桩的平面位置和垂直度的允许偏差　　　　表 22-5

成孔方法		桩径允许偏差（mm）	垂直度允许偏差	桩位允许偏差（mm）
泥浆护壁钻孔桩	$D<1000mm$	$\geqslant0$	$\leqslant1/100$	$\leqslant70+0.01H$
	$D\geqslant1000mm$			$\leqslant100+0.01H$

注：1. H 为桩基施工面至设计桩顶的距离（mm）；
　　2. D 为设计桩径（mm）。

5.0.3 混凝土的要求

1）配合比符合设计，水泥用量不少于 $360kg/m^3$；

2）坍落度为 $18\sim22cm$；

3）混凝土具有良好的和易性、保水性，初凝时间应控制在 4h 以内；

4）严格控制水灰比；

5）搅拌时间不少于 3min；

6）材料允许偏差：水泥 2%，砂石 3%，水 2%；

7）直径大于 1m 或单桩混凝土量超过 $25m^3$ 的桩，每根桩桩身混凝土应留有一组试件；直径不大于 1m 的桩或单桩混凝土量不超过 $25m^3$ 的桩，每个灌注台班不得少于一组。

6　成品保护

6.0.1 钢筋笼在制作、运输和安装过程中，应采取措施防止变形。

6.0.2 混凝土灌注标高低于地面的桩孔，浇筑完毕应立即回填砂石至地面标高，严禁用大石、砖墩等大件物件回填桩孔。

6.0.3 桩头外留主筋、插铁要妥善保护，不得任意弯折或切断。

6.0.4 严禁把桩体作锚固桩用。

6.0.5 桩头强度未达 5MPa 时不得碾压以防桩头破坏。

6.0.6 灌注桩施工完毕进行基础开挖时，应制定合理的施工顺序和技术措施，防止桩的位移和倾斜，并应检查每根桩的纵横水平偏差。

7　注意事项

7.1　应注意的质量问题

7.1.1 钻进过程中应经常检查机架有无松动或移位防止桩孔移动或倾斜。

7.1.2 孔口附近严禁堆放重物且必须加盖，附近地面应随时察看有无开裂现象，防止护筒或机架发生倾斜或下沉。

7.1.3 在软硬变化较大的地层中钻进应注意穿透旧基础或大孤石等障碍物；在岩溶地区遇溶洞时应慎重操作，以防钻具突降造成人身和机具事故。

7.1.4 在靠河地段施工时，应经常检查护筒内水头的高度。当发生变化时及时调整，以防塌孔。

7.1.5 冲击成孔时应待邻孔混凝土达到其强度的 50% 方可开钻，成孔过程中须严防梅花孔。

7.1.6 施工中，应定期测定泥浆黏度、含砂率和胶体率。

7.1.7 钢筋笼在堆放、运输、起吊、入孔等过程中，必须加强对操作工人的技术交底，严格执行加固的技术措施。

7.1.8 成孔过程中，若发现斜孔、弯孔、缩颈、塌孔或沿护筒周围冒浆，以及地面沉陷应采取表 22-6 所列措施后方可继续施工。

成孔中对异常情况的措施表　　　　　　表 22-6

情况	措施
斜孔、缩孔、弯孔	停钻，抛填黏土块夹片石，至偏孔开始处以上 0.5～1m 重新钻进
塌孔	停钻，回填夹片石的黏土块，加大泥浆的相对密度，反复冲击。
护筒周围冒浆	护筒周围回填黏土并夯实；稻草拌黄泥堵塞漏洞，必要时叠压砂包

7.1.9 灌注导管使用后要及时用水清洗，管壁、接口处要经常检查，随时清除砂眼、接口变形等隐患，破损的胶垫和连接螺栓要及时更换。

7.2 应注意的安全问题

7.2.1 施工安全应符合现行行业标准《建筑施工安全检查标准》JGJ 59 的有关规定。

7.2.2 操作人员应经过安全教育后进场。

7.2.3 施工机械应经常检查其磨损程度，并应按规定及时更新。机械的使用应符合现行行业标准《建筑机械使用安全技术规程》JGJ 33 的规定。

7.2.4 施工临时用电应符合现行行业标准《施工现场临时用电安全技术规范》JGJ 46 的规定。

7.2.5 焊、割作业点，氧气瓶、乙炔瓶、易燃易爆物品的距离和防火要求应符合有关规定。

7.2.6 施工前应制定保护建筑物、地下管线安全的技术措施，并应标出施工区域内外的建筑物、地下管线的分布示意图。

7.2.7 严格用电管理，施工现场的一切电源、电路的安装和拆除，必须由持证电工操作，电器必须严格接地、接零和漏电保护。现场电缆应架空，严禁拖地和埋压土中。

7.2.8 钻机因故停止钻孔时，应设专人值班补浆，防止塌孔事故。

7.2.9　钢筋骨架起吊时要平稳，严禁猛起、猛落并拉好尾绳。

7.2.10　混凝土灌注完后，及时抽干空桩部分的泥浆，回填素土并压实。

7.3　应注意的绿色施工问题

7.3.1　临时设施应建在安全场所，临时设施及辅助施工场所应采取环境保护措施，减少土地占有和生态环境破坏。

7.3.2　施工过程的环境保护应符合现行行业标准《建设工程施工现场环境与卫生标准》JGJ 146 的有关规定。

7.3.3　施工现场应在醒目位置设环境保护标识。

7.3.4　施工时应对文物古迹、古树名木采取保护措施。

7.3.5　危险品、化学品存放处应隔离，污物应按指定要求排放。

7.3.6　施工现场的机械保养、限额领料、废弃物再生利用等制度应健全。

7.3.7　施工期间应严格控制噪声，并应现行国家标准《建筑施工场界环境噪声排放标准》GB 12523 的规定。

7.3.8　施工现场应设置排水系统，排水沟的废水应经沉淀过滤达到标准后，方可排放市政排水管网。运送泥浆和废弃物时应用封闭的罐装车。

7.3.9　施工现场出入口处应设置冲洗设施、污水池和排水沟，由专人对进出车辆进行清洗保洁。

7.3.10　夜间施工应办理手续并采取措施，减少声、光的不利影响。

7.3.11　泥浆池在无桩位处设置。池的容量应大于计算泥浆数量，防止泥浆数量大而外溢，施工场地设置环形泥浆槽，泥浆池和泥浆槽均应用砖砌筑，池壁和池底用水泥砂浆抹面。

7.3.12　在运输砂石、水泥和其他易飞扬的细颗粒散体材料时，用篷布覆盖严密、并装量适中，不得超限运输，以减少扬尘。

8　质量记录

8.0.1　砂、石子、水泥、钢筋、电焊条等原材料合格证、出厂检验报告和进场复试报告；

8.0.2　预拌混凝土出厂合格证及复测报告；

8.0.3　钢筋接头力学性能试验报告；

8.0.4　混凝土配合比通知单；

8.0.5　试桩记录；

8.0.6　补桩平面图（必要时）；

8.0.7　混凝土灌注桩钢筋笼质量验收记录；

8.0.8　测量放线记录；

8.0.9　钻孔记录；

8.0.10　混凝土浇筑记录；

8.0.11　混凝土试件强度试验报告；

8.0.12　混凝土灌注桩质量验收记录；

8.0.13　桩基检测报告；

8.0.14　其他技术文件。

第 23 章　旋挖钻成孔灌注桩

本工艺标准适用于工业与民用建筑、道路桥梁及其他构筑物的淤泥、地下水位高的黏性土、粉土、砂土、人工填土及含有卵石、碎石的地层、软质岩和风化岩层的螺旋钻泥浆护壁成孔灌注桩，但不适用于含有强承压水的土层。

1　引用文件

《建筑桩基技术规范》JGJ 94—2008；
《建筑地基处理技术规范》JGJ 79—2012；
《建筑地基基础工程施工规范》GB 51004—2015；
《建筑地基工程施工质量验收标准》GB 50202—2018；
《建筑工程施工质量验收统一标准》GB 50300—2013。

2　术语

2.0.1　泥浆护壁：用机械进行成孔时，为了防止塌孔，在孔内用相对密度大于1的泥浆进行护壁的一种成孔施工工艺。

2.0.2　旋挖成孔灌注桩：旋挖钻孔施工是利用钻杆和钻斗的旋转，以钻斗自重并加液压作为钻进压力，把孔底原状土切削成条状载入钻斗提升出土。通过钻斗的旋转、挖土、提升、卸土和泥浆置换护壁，反复循环而成孔。

3　施工准备

3.1　作业条件

3.1.1　施工前应编制旋挖成孔泥浆护壁灌注桩施工方案，做好施工技术交底。

3.1.2　开钻前场地完成三通一平，铲除松软土层及建筑垃圾夯实。

3.1.3　根据钻孔的大小和桩位布局挖好相应体积的泥浆池或共用泥浆池。设置排水沟、集水坑，及时将桩孔范围内积水排走，确保场内无积水。必要时应降低地下水位。

3.1.4　钻头、钻杆以及钢丝绳长度的选取，依据地层条件不同选择不同钻头与钻杆，一般机锁式钻杆适用坚硬地层，而摩阻式钻杆适于一般较软地层。钢丝绳长度选择可按如下公式确定：钢丝绳长度＝孔深＋机高＋15～20m。

3.1.5　正式施工前应做好成孔试验，数量不少于两根。

3.1.6　基桩轴线的控制点和水准点经复测后要妥善保护。

3.1.7　操作人员应经过理论与实际施工操作的培训，并持证上岗。

3.2　材料及机具

3.2.1　预搅拌混凝土：坍落度一般要求为 180～220mm，和易性及强性等级符合设计要求，常用强性等级为 C30～C40。

3.2.2　钢筋：品种和规格均符合设计要求，并有出厂合格证及复试合格报告。

3.2.3　垫块：用 1∶3 水泥砂浆埋 22 号火烧丝提前预制或用水泥砂浆做成轻式预制块或采用塑料卡。

3.2.4　火烧丝：规格 18～22 号。

3.2.5　盖板：盖孔使用。

3.2.6　钻机耗材：液压油、齿轮油、润滑油、柴油、钢丝绳、斗齿、齿座、销垫等符合要求。

3.2.7　泥浆制备材料：膨润土、纯碱、外加剂等符合要求。

3.2.8　机械设备及主要机具

钻孔设备：旋挖钻机、钢护筒等。

配套设备：挖掘机、装载机、吊车、潜水泵、钻渣运输车等。

安全设备：防水照明灯、安全帽等。

混凝土灌注设备：商品混凝土准备工作、发电机、混凝土运输车、导管、下料斗等。

钢筋加工、安装设备：钢筋笼成套加工设备、电焊机、吊车、运笼车等。

4　操作工艺

4.1　工艺流程

放线定桩位 → 埋设护筒 → 置备泥浆 → 钻机就位 → 旋挖钻机成孔 → 清孔 →
钢筋笼制作 → 吊放钢筋笼 → 安放导管 → 二次清孔 → 浇筑混凝土 → 成桩

4.2　放线定桩位

根据图纸放出桩位点，定位后采取灌白灰和打入钢筋等措施，保证桩位标记明显准确，经现场监理工程师复核无误后进行施工。

4.3　埋设护筒

4.3.1　护筒：在孔口埋设圆形 4～8mm 钢板护筒，内径为桩径＋100mm；高度由地质条件确定，黏性土中不宜小于 1.2m，在砂土中不宜小于 1.7m。

4.3.2 在护筒的上部设两吊环，一为起吊用，二为绑扎钢筋笼吊筋，压制钢筋笼的上浮。同时，护筒顶端正交刻四道槽，以便挂十字线，以备验护筒、验孔之用。同时，在护筒顶端设置一溢浆口（高×宽＝200mm×300mm）。

4.3.3 护筒埋设

1 根据已确定桩位，按轴线方向设置控制桩并找出护筒中心。

2 将护筒竖直放入坑底整平后的预挖坑后，四周即用黏土回填、分层夯实，其位置偏差不宜大于20mm，埋设好的护筒溢浆口应高出地面0.1～0.3m。

3 当护筒采用挖埋式时，黏性土埋设深度不宜小于1m，砂土中不宜小于1.5m，并应保证孔内泥浆液面高于地下水位1m以上。松软地层中埋设护筒时可将松软土挖除0.5m，换黏土分层夯实，当换土不能满足要求时，须将护筒加长，尽可能使筒脚落在硬土层上。

4 采用填筑式埋设护筒时，其顶面应高出施工水位1.5m以上或适当提高护筒顶面标高。

4.3.4 钢护筒的中心应与桩中心重合，中心偏差不大于50mm，垂直度不大于1/200。

4.4 制备泥浆

4.4.1 泥浆的配制应根据钻孔的工程地质情况、孔位、钻机性能等确定。泥浆材料的选定和基本配合比确定应以最容易坍塌的土层为主，初步确定泥浆的配合比，并通过试桩成孔做进一步的修正。

4.4.2 泥浆拌制的顺序：先注入规定数量的清水，边搅拌边放入膨润土，拌制30min，然后加入纯碱，最后再均匀投入CMC、PHP等外加剂水解液，使其充分搅拌混合，静置12h后使用。

4.5 钻机就位

平整、压实场地，就位时使主机左右履带板处于同一水平面上，动力头方向应和履带板方向平行，开钻前调整好机身前后左右的水平。就位时，保证钻机钻具中心和护筒中心重合，偏差不应大于20mm。

4.6 旋挖钻机成孔

4.6.1 成孔前及提出钻斗时均应检查钻头保护装置、钻头直径及钻头磨损情况，并应清除钻斗上的渣土。

4.6.2 钻孔过程中根据地质情况控制进尺速度：由硬地层钻到软地层时，可适当加快钻进速度；当软地层变为硬地层时，要减速慢进；在易缩径的地层中，应适当增加扫孔次数，防止缩径；对硬塑层采用快转速钻进，以提高钻进效率；砂层则采用慢转速慢钻进并适当增加泥浆密度和黏度。在较厚的砂层成孔宜更换砂层钻斗，并减少旋挖进尺。

4.6.3　钻机就位时，必须保持平整、稳固，不发生倾斜。钻进过程中经常检查钻杆垂度，确保孔壁垂直。

4.6.4　为准确控制孔深，应备有校核后百米钢丝测绳并观测自动深度记录仪，以便在施工中观测、记录。

4.6.5　钻进施工时，利用反铲及时将钻渣清运，保证场地干净整洁，利于下一步施工。钻进达到要求孔深停钻后，注意保持孔内泥浆的浆面高程，确保孔壁的稳定。

4.6.6　应注意提升钻头过快，易产生负压，造成孔壁坍塌。

4.6.7　成孔时桩距应控制在 4 倍桩径内，排出渣土距桩孔口距离应大于 6m，并应及时清除。

4.7　清孔

旋挖钻机成孔，因渣土由钻斗直接从底部取出，一般情况下均能保证泥浆沉淀厚度小于规定值。若是泥浆相对密度过大，则可能出现泥浆沉淀过厚，此时应用钻机再抓一斗，且用钻斗上下搅动，同时抽换孔内浆液，保证泥浆含砂率小于 2%。

若是下钢筋笼后出现孔底沉淀厚度超标，则可以采用混凝土导管附着水管搅动孔底，同时注水换浆，以达到清孔的目的。

4.8　钢筋笼制作

4.8.1　钢筋笼主筋的连接方式主要有焊接和机械连接，在同一截面内的钢筋接头数不得多于主筋总数的 50%，两个接头点间的距离不应小于 $35d$，且最小不得小于 500mm。

钢筋笼加劲肋通过制作定型模具，批量生产。加劲筋在组装钢筋笼前，接头只点焊，待和主筋组装好后，才可对接头进行单面或双面搭接施焊，以避免钢筋局部受热变形。

4.8.2　钢筋笼拼装

1　首先，在钢筋笼骨架成形架上安放加劲筋，在加劲筋上标出主筋位置；然后，将主筋依次点焊在加劲筋上，确保主筋与加劲筋相互垂直。当钢筋笼直径比较大时，应在加劲筋上焊接十字钢筋支撑，确保加劲筋不变形。

2　将骨架推至外箍筋滚动焊接器上，按规定的间距缠绕箍筋，并用电弧焊将主筋与箍筋固定。

3　将主筋与箍筋用绑丝跳点、双丝绑扎牢固。

4　当钢筋笼采用直螺纹套筒连接时，应将两节钢筋笼节段在一起加工，加工完毕，做好标记，将两节钢筋笼连接的直螺纹套筒用扳手拧开，将第一节钢筋笼吊至钢筋笼存放区存放；第三节钢筋笼的制作以第二节钢筋笼为基础进行制作，当第三节钢筋笼加工完毕，将第二、三节钢筋笼间的连接套筒拆开，做完标记后，吊装第二节钢筋笼至钢筋笼存放区存放；按照相同原理进行后序钢筋笼节段的加工。

4.8.3 为确保钢筋笼保护层厚度，沿主筋外侧，每4m设立一组钢筋笼定位器，同一截面上均匀地布置3个。

4.9 吊放钢筋笼

4.9.1 钢筋笼的吊放要对准孔位、扶稳、缓慢，避免碰撞孔位，到位后立即固定。当下放困难时，应查明原因，不得强行下放。

4.9.2 多节钢筋笼吊放时，应将钢筋笼在孔口接长后再放入孔内，利用先插入孔内的钢筋笼上部架立筋将笼体固定在护筒上，再利用吊装机械将上节钢筋笼临时吊住，进行两节钢筋笼的对接和绑扎。

4.9.3 当采用焊接连接钢筋笼时，宜采用绑条焊。钢筋笼现场拼接完成后，应经监理单位确认后沉入孔内。

4.9.4 当钢筋笼对接主筋应采用机械连接。对于少数错位，无法进行丝扣对接，则可采用帮条焊的焊接方法解决，帮条焊要求焊缝平整密实，焊缝长度符合规范规定，确保焊接强度质量。

4.9.5 钢筋笼的标高定位，可采用锁定式吊杆。吊杆吊环与护筒绑扎在一起，将钢筋笼固定，同时可防止灌注混凝土时钢筋笼的上浮。

4.10 安放导管

4.10.1 浇筑混凝土的导管宜按表23-1选用。

灌混凝土用导管参数表 表23-1

桩径（mm）	导管直径（mm）	导管壁厚（mm）	通过能力（m³/h）
800～1250	200	2～5	10
1250～1750	250	3～5	17
>1750	300	5	25

4.10.2 导管内壁应光滑、圆顺，第一节底管不宜小于4m。孔口漏斗下，宜配置0.5m和1m的配套顶管。

4.10.3 导管连接应竖直，接头加橡胶圈予以密封，下端宜高出孔底沉渣面300～500mm。

4.10.4 导管使用前进行拼装打压，以检查导管是否有砂眼、变形、密封不严的情况，试水压力为0.6～1.0MPa。

4.11 二次清孔

4.11.1 导管安放工序结束后，检测孔底泥浆和孔底沉渣厚度，若两个条件同时满足要求，可直接灌注混凝土。如果不能同时满足，需进行二次清孔。

4.11.2　二次清孔采用正循环换浆法清孔，将泥浆泵的高压管和灌注导管连接密封，开启泥浆泵，进行泥浆循环，当孔底沉渣厚度小于设计要求后应再进行一段时间的泥浆循环，以置换泥浆降低泥浆相对密度，当泥浆相对密度<1.20时，方可停止清孔，立即进行灌注，清孔完毕与灌注混凝土的间隔时间不超过45min，以防孔内沉渣再次沉淀及钻孔缩颈的发生。

4.11.3　灌注混凝土前，孔底 500mm 以内的泥浆相对密度应小于 1.25；含砂率不得大于 8%；黏度不得大于 28s。

4.12　浇筑混凝土

4.12.1　混凝土浇筑前导管中应设置球、塞等隔水，浇筑时，首罐量应保证导管埋深不小于 1m。

4.12.2　预拌混凝土应保证连续供应、连续浇灌。自制混凝土，各种原材料严格过秤，搅拌机必须运转正常并应有备用搅拌机一台。

4.12.3　每根桩的浇筑时间按初盘混凝土的初凝时间控制，桩的超灌高度为 0.8～1.0m。

4.12.4　浇筑混凝土应连续施工，边灌注边拔导管并勤测混凝土顶面上升高度，导管底端必须保证埋入管外的混凝土面以下 2～3m，且不得大于 6m。

4.12.5　在灌注时应防止钢筋笼上浮。在混凝土面距钢筋笼底部 1.0m 左右时，应降低灌注速度。当混凝土面升至钢筋笼底口 4.0m 以上时，提升导管，使导管底口高于骨架底部 2.0m 以上，即可恢复正常速度灌注。

4.12.6　混凝土浇筑到桩顶时，应及时拔出导管并使混凝土标高大于设计标高 500～700mm。

5　质量标准

5.0.1　钢筋笼制作允许偏差见表 23-2。

钢筋笼质量检验标准　　　　　　　　　　　表 23-2

项	序	检查项目	允许偏差或允许值	检查方法
一般项目	1	主筋间距	±10mm	用钢尺量
	2	长度	±100mm	用钢尺量
	3	钢筋材质检验	设计要求	抽样送检
	4	箍筋间距	±20mm	用钢尺量
	5	笼直径	±10mm	用钢尺量

5.0.2　灌注桩施工的有关允许偏差见表 23-3、表 23-4。

灌注桩质量检验标准　　　　　　　　　　　　表 23-3

项	序	检查项目		允许偏差或允许值		检查方法
				单位	数值	
主控项目	1	承载力		不小于设计值		静载试验
	2	孔深		不小于设计值		用测绳或井径仪测量
	3	桩身完整性		—		钻芯法、低应变法、声波透射法
	4	混凝土强度		不小于设计值		28d 试块强度或钻芯取样送检
	5	嵌岩深度		不小于设计值		取岩样或超前钻孔取样
一般项目	1	垂直度		见表 23-4		超声波或井径仪测量
	2	孔径		见表 23-4		超声波或井径仪测量
	3	桩位		见表 23-4		全站仪或用钢尺量（开挖前量护筒，开挖后量桩中心）
	4	泥浆指标	相对密度（黏土或砂性土中）	1.10～1.25		用比重计，清孔后在距孔底 50cm 处取样
			含砂率	%	≤8	洗砂瓶
			黏度	s	18～28	黏度计
	5	泥浆面标高（高于地下水位）		m	0.5～1	目测法
	6	沉渣厚度	端承桩	mm	≤50	用沉渣仪或重锤测量
			摩擦桩	mm	≤150	
	7	混凝土坍落度		mm	180～220	坍落度仪
	8	钢筋笼安装深度		mm	±100	用钢尺量
	9	混凝土充盈系数		≥1.0		实际灌注量与计算灌注量的比
	10	桩顶标高		mm	+30 −50	水准仪，需扣除桩顶浮浆层及劣质桩体
	11	后注浆	注浆终止条件	注浆量不小于设计要求		查看流量表
				注浆量不小于设计要求 80%，且注浆压力达到设计值		查看流量表，检查压力表读数
			水胶比	设计值		实际用水量与水泥等胶凝材料的重量比

泥浆护壁灌注桩的平面位置和垂直度的允许偏差　　　表 23-4

成孔方法		桩径允许偏差（mm）	垂直度允许偏差	桩位允许偏差（mm）
泥浆护壁钻孔桩	D<1000mm	≥0	≤1/100	≤70+0.01H
	D≥1000mm			≤100+0.01H

注：1. H 为桩基施工面至设计桩顶的距离（mm）；
　　2. D 为设计桩径（mm）。

5.0.3 混凝土的要求

1) 配合比符合设计，水泥用量不少于 $360kg/m^3$；

2) 坍落度为 $18\sim22cm$；

3) 混凝土具有良好的和易性、保水性，初凝时间应控制在 4h 以内；

4) 严格控制水灰比；

5) 搅拌时间不少于 3min；

6) 材料允许偏差：水泥 2%，砂石 3%，水 2%；

7) 直径大于 1m 或单桩混凝土量超过 $25m^3$ 的桩，每根桩桩身混凝土应留有一组试件；直径不大于 1m 的桩或单桩混凝土量不超过 $25m^3$ 的桩，每个灌注台班不得少于一组。

6　成品保护

6.0.1 钢筋笼在制作、运输和安装过程中，应采取措施防止变形。

6.0.2 混凝土灌注标高低于地面的桩孔，浇筑完毕应立即回填砂石至地面标高，严禁用大石、砖墩等大件物件回填桩孔。

6.0.3 桩头外留主筋、插铁要妥善保护，不得任意弯折或切断。

6.0.4 严禁把桩体作锚固桩用。

6.0.5 桩头强度未达 5MPa 时不得碾压，以防桩头破坏。

6.0.6 灌注桩施工完毕进行基础开挖时，应制定合理的施工顺序和技术措施，防止桩的位移和倾斜，并应检查每根桩的纵横水平偏差。

7　注意事项

7.1　应注意的质量问题

7.1.1 钻进过程中，应经常检查机架有无松动或移位防止桩孔移动或倾斜。

7.1.2 在靠河地段施工时，应经常检查护筒内水头的高度。当发生变化时及时调整，以防塌孔。

7.1.3 始终控制钻斗在孔内的升降速度，因为如果快速地上下移动钻斗，那么水流将以较快的速度由钻斗外侧和孔壁之间的孔隙流过，导致冲刷孔壁，有时还会在其下方产生负压力导致孔壁坍塌，所以应按孔径的大小及土质情况来调整钻斗的升降速度。

7.1.4 施工中应定期测定泥浆粘度，含砂率和胶体率。

7.1.5 钢筋笼在堆放、运输、起吊、入孔等过程中，必须加强对操作工人的技术交底，严格执行加固的技术措施。

7.1.6 清孔过程中必须及时补给足够的泥浆，并保持浆面稳定，孔底沉碴应清理干净，保证满足规范要求和实际有效孔深的设计要求。

7.1.7 灌注导管使用后要及时用水清洗，管壁、接口处要经常检查，随时清除砂眼、接口变形等隐患，破损的胶垫和连接螺栓要及时更换。

7.2 应注意的安全问题

7.2.1 施工安全应符合现行行业标准《建筑施工安全检查标准》JGJ 59 的有关规定。

7.2.2 操作人员应经过安全教育后进场。

7.2.3 施工机械应经常检查其磨损程度，并应按规定及时更新。机械的使用应符合现行行业标准《建筑机械使用安全技术规程》JGJ 33 的规定。

7.2.4 施工临时用电应符合现行行业标准《施工现场临时用电安全技术规范》JGJ 46 的规定。

7.2.5 焊、割作业点，氧气瓶、乙炔瓶、易燃易爆物品的距离和防火要求应符合有关规定。

7.2.6 施工前应制定保护建筑物、地下管线安全的技术措施，并应标出施工区域内外的建筑物、地下管线的分布示意图。

7.2.7 严格用电管理，施工现场的一切电源、电路的安装和拆除，必须由持证电工操作，电器必须严格接地、接零和漏电保护。现场电缆应架空，严禁拖地和埋压土中。

7.2.8 钻机因故停止钻孔时，应设专人值班补浆，防止塌孔事故。

7.2.9 钢筋骨架起吊时要平稳，严禁猛起猛落，并拉好尾绳。

7.2.10 混凝土灌注完后，及时抽干空桩部分的泥浆，回填素土并压实。

7.3 应注意的绿色施工问题

7.3.1 临时设施应建在安全场所，临时设施及辅助施工场所应采取环境保护措施，减少土地占有和生态环境破坏。

7.3.2 施工过程的环境保护应符合现行行业标准《建设工程施工现场环境与卫生标准》JGJ 146 的有关规定。

7.3.3 施工现场应在醒目位置设环境保护标识。

7.3.4 施工时应对文物古迹、古树名木采取保护措施。

7.3.5 危险品、化学品存放处应隔离，污物应按指定要求排放。

7.3.6 施工现场的机械保养、限额领料、废弃物再生利用等制度应健全。

7.3.7 施工期间应严格控制噪声，并应现行国家标准《建筑施工场界环境噪声排放标准》GB 12523 的规定。

7.3.8 施工现场应设置排水系统，排水沟的废水应经沉淀过滤达到标准后，方可排放市政排水管网。运送泥浆和废弃物时应用封闭的罐装车。

7.3.9 施工现场出入口处应设置冲洗设施、污水池和排水沟，由专人对进出车辆进行清洗保洁。

7.3.10 夜间施工应办理手续，并采取措施减少声、光的不利影响。

7.3.11 泥浆池在无桩位处设置。池的容量应大于计算泥浆数量，防止泥浆数量大而外溢，施工场地设置环形泥浆槽，泥浆池和泥浆槽均应用砖砌筑，池壁和池底用水泥砂浆抹面。

7.3.12 在运输砂石、水泥和其他易飞扬的细颗粒散体材料时，用篷布覆盖严密、并装量适中，不得超限运输，以减少扬尘。

8　质量记录

8.0.1 砂、石子、水泥、钢筋、电焊条等原材料合格证、出厂检验报告和进场复试报告；

8.0.2 预拌混凝土出厂合格证及复测报告；

8.0.3 钢筋接头力学性能试验报告；

8.0.4 混凝土配合比通知单；

8.0.5 试桩记录；

8.0.6 补桩平面图（必要时）；

8.0.7 混凝土灌注桩钢筋笼质量验收记录；

8.0.8 测量放线记录；

8.0.9 钻孔记录；

8.0.10 混凝土浇筑记录；

8.0.11 混凝土试件强度试验报告；

8.0.12 混凝土灌注桩质量验收记录；

8.0.13 桩基检测报告；

8.0.14 其他技术文件。

第24章 正反循环钻成孔灌注桩

本工艺标准适用于黏性土、粉土、砂类土、碎石、卵石含量小于20％的碎石土及岩层中成孔的工业与民用建筑、道路桥梁及其他构筑物的泥浆护壁成孔灌注桩工程。反循环回转钻在卵石土层中钻进时，卵石粒径不应超过钻杆内径的2/3。

1 引用文件

《建筑桩基技术规范》JGJ 94—2008；

《建筑地基处理技术规范》JGJ 79—2012；

《建筑地基基础工程施工规范》GB 51004—2015；

《建筑地基工程施工质量验收标准》GB 50202—2018；

《建筑工程施工质量验收统一标准》GB 50300—2013。

2 术语

正循环回转钻孔：泥浆高压通过钻机的空心钻杆，从钻杆底部射出，底部的钻头（钻锥）在回转时将土层搅松成为钻渣，被泥浆浮悬。随着泥浆上升而溢出流到井外的泥浆溜槽，经过沉淀池沉淀净化，泥浆再循环使用。

反循环回转钻孔：泥浆通过钻杆外注入井孔，用真空泵或其他方法（如空气吸泥机）将钻渣从钻杆中吸出。

3 施工准备

3.1 作业条件

3.1.1 应编制正、反循环成孔泥浆护壁灌注桩施工方案。

3.1.2 熟悉现场的工程地质和水文地质资料，架空线路、地下管线及构筑物等地上、地下障碍物已处理完毕，达到"三通一平"条件。

3.1.3 施工用的临时设施、泥浆循环系统按平面布置图准备就绪。

3.1.4 对不利于施工机械运行的松软场地需经夯实与碾压，场地应采取有效的排水措施。

3.1.5 确定成孔机具的进行路线和成孔顺序，做好安全技术交底。

3.1.6　正式施工前应做好成孔试验，数量不少于 2 根。

3.1.7　基桩轴线的控制点和水准点经复测后要妥善保护。

3.1.8　操作人员应经过理论与实际施工操作的培训，并持证上岗。

3.2　材料及机具

3.2.1　钢筋：钢筋的级别、直径必须符合设计要求，有出厂合格证及复试合格报告。

3.2.2　水泥：宜采用强度等级 32.5～42.5 级普通硅酸盐水泥或矿渣硅酸盐水泥。

3.2.3　砂：中砂或粗砂，含泥量不大于 3%。

3.2.4　石子：粒径为 10～40mm 且不大于 1/3 钢筋主筋净距的卵石或碎石，含泥量不大于 2%，针片状颗粒不超过 25%。

3.2.5　水：应用自来水或不含有害物质的洁净水。

3.2.6　黏土：宜选择塑性指数 $IP \geqslant 17$ 的黏土。

3.2.7　外加剂：根据气候条件、工期和设计要求等通过试验确定。

3.2.8　机械设备及主要机具

成孔机械、起重吊车、翻斗车或手推车、搅拌机、混凝土导管、储料斗、水泵、水箱、泥浆泵、铁锹、胶皮管、清孔设备等。

4　操作工艺

4.1　工艺流程

放线定桩位 → 埋设护筒 → 置备泥浆 → 钻机就位 → 成孔 → 清孔 →

钢筋笼制作 → 吊放钢筋笼 → 安放导管 → 二次清孔 → 浇筑混凝土 → 成桩

4.2　放线定桩位

根据图纸放出桩位点，定位后采取灌白灰和打入钢筋等措施，保证桩位标记明显准确，经现场监理工程师复核无误后进行施工。

4.3　埋设护筒

4.3.1　护筒：在孔口埋设圆形 4～8mm 钢板护筒，内径为桩径＋100mm；高度由地质条件确定，黏性土中不宜小于 1.2m，在砂土中不宜小于 1.7m。

4.3.2　在护筒的上部设两吊环，一为起吊用，二为绑扎钢筋笼吊筋，压制钢筋笼的上浮。同时，护筒顶端正交刻四道槽，以便挂十字线，以备验护筒、验孔之用。同时在护筒顶端设置 1--2 个溢浆口（高×宽＝200mm×300mm）。

4.3.3　护筒埋设

1　根据已确定桩位，按轴线方向设置控制桩并找出护筒中心。

2　将护筒竖直放入坑底整平后的预挖坑后，四周即用黏土回填、分层夯实，其位置偏差不宜大于 20mm，埋设好的护筒溢浆口应高出地面 0.1～0.3m。

3　当护筒采用挖埋式时，黏性土埋设深度不宜小于 1m，砂土中不宜小于 1.5m，并应保证孔内泥浆液面高于地下水位 1m 以上。松软地层中埋设护筒时可将松软土挖除 0.5m，换黏土分层夯实，当换土不能满足要求时，须将护筒加长，尽可能使筒脚落在硬土层上。

4　采用填筑式埋设护筒时，其顶面应高出施工水位 1.5m 以上或适当提高护筒顶面标高。

4.3.4　钢护筒的中心应与桩中心重合，中心偏差不大于 50mm，垂直度不大于 1/200。

4.4　制备泥浆

4.4.1　泥浆的配制应根据钻孔的工程地质情况、孔位、钻机性能等确定。泥浆材料的选定和基本配合比确定应以最容易坍塌的土层为主，初步确定泥浆的配合比，并通过试桩成孔做进一步的修正。

4.4.2　泥浆拌制的顺序：先注入规定数量的清水，边搅拌边放入膨润土，拌制 30min，然后加入纯碱、最后再均匀投入 CMC、PHP 等外加剂水解液，使之充分搅拌混合，静置 12h 后使用。

4.5　钻机就位

平整、压实场地，开钻前调整机身使之水平，就位时保证钻机钻具中心和护筒中心重合，偏差不应大于 20mm。

4.6　成孔

4.6.1　对孔深较大的端承型桩和粗粒土层中的摩擦型桩，宜采用反循环成孔或清孔，也可根据土层情况采用正循环钻进，反循环清孔。

4.6.2　在硬土层或岩层中的钻进速度以钻机不发生跳动为准。在软土层中钻进时，应根据泥浆补给情况控制钻进速度。

4.6.3　潜水钻的钻头上应有不小于 3d 长度的导向装置。利用钻杆加压的正循环回转钻机，在钻具中应加设扶正器。

4.6.4　正循环应遵守下列原则

1　在黏性土层中钻进时，宜选用尖底钻头，中等转速，大泵量，稀泥浆。

2　在砂土或软土等易塌土层中，钻进时宜选用平底钻头，控制进尺、轻压、低档慢速、大泵量稠泥浆。

3　在坚硬土层中钻进时，宜采用优质泥浆，低档慢速，大泵量，两级钻进。

4.6.5　反循环成孔时，主要控制转速

1　硬性土层中，宜用一档转速，自由进尺。

2 一般黏性土中，宜用二、三档转速，自由进尺。

3 在地下水丰富、孔壁易塌的粉、细砂或粉土层中，宜用低档慢速钻进，并应加大泥浆密度和提高水头。

4 砂、卵石层中，宜采用钻进一段，稍停片刻再钻的方法。

5 当护筒底土质松软而出现漏浆时，应提起钻头，并向孔内投入黏土块，再放下钻头倒钻直至胶泥挤入孔壁堵住漏浆后方可继续钻进。

6 正常钻进时应根据不同地质条件，随时检查泥浆浓度。

7 钻孔直径应每钻进 5～8m 检查一次。

4.6.6 成孔过程中，若发现斜孔、弯孔、缩颈、塌孔或沿护筒周围冒浆，以及地面沉陷应采取表 24-1 所列措施后方可继续施工。

成孔中对异常情况的措施表 表 24-1

情况	措施
斜孔、缩孔、弯孔	往复修正，如纠正无效，应回填黏土或风化岩块至偏孔上部 0.5m，再重新钻进
塌孔	停钻，回填黏土，待孔壁稳定后再轻提慢钻
护筒周围冒浆	护筒周围回填黏土并夯实；稻草拌黄泥堵塞漏洞，必要时叠压砂包

4.6.7 钻孔至设计深度，经现场监理复测后移走钻机。

4.7 清孔

4.7.1 正循环清孔

1 第一次清孔可利用成孔钻具直接进行，清孔时应先将钻头提离孔底 0.2～0.3m，输入泥浆清孔。

2 孔深小于 60m 的桩，清孔时间宜为 15～30min，孔深大于 60m 的桩，清孔时间宜为 30～45min。

4.7.2 泵吸反循环清孔

1 泵吸反循环清孔时，应将钻头提离孔底 0.5～0.8m，输入泥浆清孔。

2 清孔时，输入孔内泥浆量不应小于砂石泵的排量，应合理控制泵量，保持补量充足。

4.7.3 气举反循环清孔

1 排浆管底下放至距沉渣面 30～40mm，气水混合器至液面距离宜为孔深的 0.55～0.65 倍。

2 开始送气时，应向孔内供浆，停止清孔时应先关气后断浆。

3 送气量应由小到大，气压应稍大于孔底水头压力，孔底沉渣较厚、块体较大或沉渣板结，可加大气量。

4 清孔时应维持孔内泥浆液面的稳定。

4.8　钢筋笼制作

4.8.1　钢筋笼主筋的连接方式主要有焊接和机械连接，在同一截面内的钢筋接头数不得多于主筋总数的50％，两个接头点间的距离不应小于35d，且最小不得小于500mm。

钢筋笼加劲肋通过制作定型模具，批量生产。加劲筋在组装钢筋笼前，接头只点焊，待和主筋组装好后，才可对接头进行单面或双面搭接施焊，以避免钢筋局部受热变形。

4.8.2　钢筋笼拼装

1　首先在钢筋笼骨架成形架上安放加劲筋，在加劲筋上标出主筋位置，然后将主筋依次点焊在加劲筋上，确保主筋与加劲筋相互垂直。当钢筋笼直径比较大时，应在加劲筋上焊接十字钢筋支撑，确保加劲筋不变形。

2　将骨架推至外箍筋滚动焊接器上，按规定的间距缠绕箍筋，并用电弧焊将主筋与箍筋固定。

3　将主筋与箍筋用绑丝跳点、双丝绑扎牢固。

4　当钢筋笼采用直螺纹套筒连接时，应将两节钢筋笼节段在一起加工，加工完毕，做好标记，将两节钢筋笼连接的直螺纹套筒用扳手拧开，将第一节钢筋笼吊至钢筋笼存放区存放；第三节钢筋笼的制作以第二节钢筋笼为基础进行制作，当第三节钢筋笼加工完毕，将第二、三节钢筋笼间的连接套筒拆开，做完标记后，吊装第二节钢筋笼至钢筋笼存放区存放；按照相同原理进行后序钢筋笼节段的加工。

4.8.3　为确保钢筋笼保护层厚度，沿主筋外侧，每4m设立一组钢筋笼定位器，同一截面上均匀地布置3个。

4.9　吊放钢筋笼

4.9.1　钢筋笼的吊放要对准孔位、扶稳、缓慢，避免碰撞孔位，到位后立即固定。当下放困难时，应查明原因，不得强行下放。

4.9.2　多节钢筋笼吊放时，应将钢筋笼在孔口接长后再放入孔内，利用先插入孔内的钢筋笼上部架立筋将笼体固定在护筒上，再利用吊装机械将上节钢筋笼临时吊住进行两节钢筋笼的对接和绑扎。

4.9.3　当采用焊接连接钢筋笼时，宜采用绑条焊。钢筋笼现场拼接完成后应经监理单位的确认后沉入孔内。

4.9.4　当钢筋笼对接主筋应采用机械连接。对于少数错位，无法进行丝扣对接，则可采用帮条焊的焊接方法解决，帮条焊要求焊缝平整密实，焊缝长度符合规范规定，确保焊接强度质量。

4.9.5　钢筋笼的标高定位，可采用锁定式吊杆。吊杆吊环与护筒绑扎在一起，将钢筋笼固定，同时可防止灌注混凝土时钢筋笼的上浮。

4.10　安放导管

4.10.1　浇筑混凝土的导管宜按表 24-2 选用。

浇筑混凝土用导管参数表　　　　　　　　表 24-2

桩径（mm）	导管直径（mm）	导管壁厚（mm）	通过能力（m³/h）
800～1250	200	2～5	10
1250～1750	250	3～5	17
＞1750	300	5	25

4.10.2　导管内壁应光滑圆顺，第一节底管不宜小于 4m。孔口漏斗下，宜配置 0.5m 和 1m 的配套顶管。

4.10.3　导管连接应竖直，接头加橡胶圈予以密封，下端宜高出孔底沉渣面 300～500mm。

4.10.4　导管使用前进行拼装打压，以检查导管是否有砂眼、变形、密封不严的情况，试水压力为 0.6～1.0MPa。

4.11　二次清孔

4.11.1　导管安放工序结束后，检测孔底泥浆和孔底沉渣厚度，若两个条件同时满足要求，可直接灌注混凝土。如果不能同时满足，需进行二次清孔。

4.11.2　二次清孔采用正循环换浆法清孔，将泥浆泵的高压管和灌注导管连接密封，开启泥浆泵，进行泥浆循环，当孔底沉渣厚度小于设计要求后应再进行一段时间的泥浆循环，以置换泥浆降低泥浆相对密度，当泥浆相对密度＜1.20 时，方可停止清孔，马上进行灌注，清孔完毕与灌注混凝土的间隔时间不超过 45min，以防孔内沉渣再次沉淀及钻孔缩颈的发生。

4.11.3　灌注混凝土前，孔底 500mm 以内的泥浆相对密度应在 1.10～1.25 之间；含砂率不得大于 8%；黏度不得大于 28s。

4.11.4　清孔后的沉渣厚度，端承桩不大于 50mm，摩擦型桩不大于 150mm。

4.12　浇筑混凝土

4.12.1　混凝土浇筑前导管中应设置球、塞等隔水，浇筑时，首罐量应保证导管埋深不小于 1m。

4.12.2　预拌混凝土应保证连续供应、连续浇灌。自制混凝土，各种原材料严格过称，搅拌机必须运转正常并应有备用搅拌机一台。

4.12.3　每根桩的浇筑时间按初盘混凝土的初凝时间控制，桩的超灌高度为 0.8～1.0m。

4.12.4 浇筑混凝土应连续施工，边灌注边拔导管并勤测混凝土顶面上升高度，导管底端必须保证埋入管外的混凝土面以下 2～3m，且不得大于 6m。

4.12.5 在灌注时应防止钢筋笼上浮。在混凝土面距钢筋笼底部 1.0m 左右时，应降低灌注速度。当混凝土面升至钢筋笼底口 4.0m 以上时，提升导管，使导管底口高于骨架底部 2.0m 以上，即可恢复正常速度灌注。

4.12.6 混凝土浇筑到桩顶时，应及时拔出导管并使混凝土标高大于设计标高 500～700mm。

5 质量标准

5.0.1 钢筋笼制作允许偏差见表 24-3。

钢筋笼质量检验标准 表 24-3

项	序	检查项目	允许偏差或允许值	检查方法
一般项目	1	主筋间距	±10mm	用钢尺量
	2	长度	±100mm	用钢尺量
	3	钢筋材质检验	设计要求	抽样送检
	4	箍筋间距	±20mm	用钢尺量
	5	笼直径	±10mm	用钢尺量

5.0.2 灌注桩施工的有关允许偏差见表 24-4、表 24-5。

灌注桩质量检验标准 表 24-4

项	序	检查项目	允许偏差或允许值		检查方法
			单位	数值	
主控项目	1	承载力	不小于设计值		静载试验
	2	孔深	不小于设计值		用测绳或井径仪测量
	3	桩身完整性	—		钻芯法、低应变法、声波透射法
	4	混凝土强度	不小于设计值		28d 试块强度或钻芯取样送检
	5	嵌岩深度	不小于设计值		取岩样或超前钻孔取样
一般项目	1	垂直度	见表 24-5		超声波或井径仪测量
	2	孔径	见表 24-5		超声波或井径仪测量
	3	桩位	见表 24-5		全站仪或用钢尺量（开挖前量护筒，开挖后量桩中心）
	4	泥浆指标	相对密度（黏土或砂性土中）	1.10～1.25	用比重计，清孔后在距孔底 50cm 处取样
			含砂率	%	≤8	洗砂瓶
			黏度	s	18～28	黏度计

项	序	检查项目		允许偏差或允许值		检查方法
				单位	数值	
一般项目	5	泥浆面标高（高于地下水位）		m	0.5～1	目测法
	6	沉渣厚度	端承桩	mm	≤50	用沉渣仪或重锤测量
			摩擦桩	mm	≤150	
	7	混凝土坍落度		mm	180～220	坍落度仪
	8	钢筋笼安装深度		mm	±100	用钢尺量
	9	混凝土充盈系数			≥1.0	实际灌注量与计算灌注量的比
	10	桩顶标高		mm	+30 −50	水准仪，需扣除桩顶浮浆层及劣质桩体
	11	后注浆	注浆终止条件	注浆量不小于设计要求		查看流量表
				注浆量不小于设计要求80%，且注浆压力达到设计值		查看流量表，检查压力表读数
			水胶比	设计值		实际用水量与水泥等胶凝材料的重量比

泥浆护壁灌注桩的平面位置和垂直度的允许偏差　　表 24-5

成孔方法		桩径允许偏差（mm）	垂直度允许偏差	桩位允许偏差（mm）
泥浆护壁钻孔桩	$D<1000mm$	≥0	≤1/100	≤70+0.01H
	$D≥1000mm$			≤100+0.01H

注：1. H——桩基施工面至设计桩顶的距离（mm）；
　　2. D——设计桩径（mm）。

5.0.3　混凝土的要求

1）配合比符合设计，水泥用量不少于 $360kg/m^3$；

2）坍落度为 18～22cm；

3）混凝土具有良好的和易性、保水性，初凝时间应控制在 4h 以内；

4）严格控制水灰比；

5）搅拌时间不少于 3min；

6）材料允许偏差：水泥 2%，砂石 3%，水 2%；

7）直径大于 1m 或单桩混凝土量超过 $25m^3$ 的桩，每根桩桩身混凝土应留有一组试件，直径不大于 1m 的桩或单桩混凝土量不超过 $25m^3$ 的桩，每个灌注台班不得少于一组。

6 成品保护

6.0.1 钢筋笼在制作、运输和安装过程中，应采取措施防止变形。

6.0.2 混凝土灌注标高低于地面的桩孔，浇筑完毕应立即回填砂石至地面标高，严禁用大石、砖墩等大件物件回填桩孔。

6.0.3 桩头外留主筋、插铁要妥善保护，不得任意弯折或切断。

6.0.4 严禁把桩体作锚固桩用。

6.0.5 桩头强度未达 5MPa 时，不得碾压，以防桩头破坏。

6.0.6 灌注桩施工完毕进行基础开挖时，应制定合理的施工顺序和技术措施，防止桩的位移和倾斜，并应检查每根桩的纵横水平偏差。

7 注意事项

7.1 应注意的质量问题

7.1.1 钢筋笼成形绑扎点焊引弧不得在主筋上进行。

7.1.2 在靠河地段施工时，应经常检查护筒内水头的高度，当发生变化时及时调整，以防塌孔。

7.1.3 施工中应定期测定泥浆黏度，含砂率和胶体率。

7.1.4 钢筋笼在堆放、运输、起吊、入孔等过程中，必须加强对操作工人的技术交底，严格执行加固的技术措施。对已变形的钢筋笼应修理后再使用。

7.1.5 清孔过程中必须及时补给足够的泥浆，并保持浆面稳定，孔底沉碴应清理干净，保证满足规范要求和实际有效孔深的设计要求。

7.1.6 灌注导管使用后要及时用水清洗，管壁、接口处要经常检查，随时清除砂眼、接口变形等隐患，破损的胶垫和连接螺栓要及时更换。

7.2 应注意的安全问题

7.2.1 施工安全应符合现行行业标准《建筑施工安全检查标准》JGJ 59 的有关规定。

7.2.2 操作人员应经过安全教育后进场。

7.2.3 施工机械应经常检查其磨损程度，并应按规定及时更新。机械的使用应符合现行行业标准《建筑机械使用安全技术规程》JGJ 33 的规定。

7.2.4 施工临时用电应符合现行行业标准《施工现场临时用电安全技术规范》JGJ 46 的规定。

7.2.5 焊、割作业点，氧气瓶、乙炔瓶、易燃易爆物品的距离和防火要求应符合有关规定。

7.2.6 施工前应制定保护建筑物、地下管线安全的技术措施，并应标出施工区域内外的建筑物、地下管线的分布示意图。

7.2.7 严格用电管理，施工现场的一切电源、电路的安装和拆除，必须由持证电工操作，电器必须严格接地、接零和漏电保护。现场电缆应架空，严禁拖地和埋压土中。

7.2.8 钻机因故停止钻孔时，应设专人值班补浆，防止塌孔事故。

7.2.9 钢筋骨架起吊时要平稳，严禁猛起猛落，并拉好尾绳。

7.2.10 混凝土灌注完后，及时抽干空桩部分的泥浆，回填素土并压实。

7.3 应注意的绿色施工问题

7.3.1 临时设施应建在安全场所，临时设施及辅助施工场所应采取环境保护措施，减少土地占有和生态环境破坏。

7.3.2 施工过程的环境保护应符合现行行业标准《建设工程施工现场环境与卫生标准》JGJ 146 的有关规定。

7.3.3 施工现场应在醒目位置设环境保护标识。

7.3.4 施工时应对文物古迹、古树名木采取保护措施。

7.3.5 危险品、化学品存放处应隔离，污物应按指定要求排放。

7.3.6 施工现场的机械保养、限额领料、废弃物再生利用等制度应健全。

7.3.7 施工期间应严格控制噪声，并应现行国家标准《建筑施工场界环境噪声排放标准》GB 12523 的规定。

7.3.8 施工现场应设置排水系统，排水沟的废水应经沉淀过滤达到标准后，方可排放市政排水管网。运送泥浆和废弃物时应用封闭的罐装车。

7.3.9 施工现场出入口处应设置冲洗设施、污水池和排水沟，由专人对进出车辆进行清洗保洁。

7.3.10 夜间施工应办理手续，并采取措施减少声、光的不利影响。

7.3.11 泥浆池在无桩位处设置。池的容量应大于计算泥浆数量，防止泥浆数量大而外溢，施工场地设置环形泥浆槽，泥浆池和泥浆槽均应用砖砌筑，池壁和池底用水泥砂浆抹面。

7.3.12 在运输砂石、水泥和其他易飞扬的细颗粒散体材料时，用篷布覆盖严密、并装量适中，不得超限运输，以减少扬尘。

8 质量记录

8.0.1 砂、石子、水泥、钢筋、电焊条等原材料合格证、出厂检验报告和进场复试报告；

8.0.2 预拌混凝土出厂合格证及复测报告；

8.0.3 钢筋接头力学性能试验报告；

8.0.4　混凝土配合比通知单；

8.0.5　试桩记录；

8.0.6　补桩平面图（必要时）；

8.0.7　混凝土灌注桩钢筋笼质量验收记录；

8.0.8　测量放线记录；

8.0.9　钻孔记录；

8.0.10　混凝土浇筑记录；

8.0.11　混凝土试件强度试验报告；

8.0.12　混凝土灌注桩质量验收记录；

8.0.13　桩基检测报告；

8.0.14　其他技术文件。

第 25 章　长螺旋钻成孔压灌桩

本标准适用于建（构）筑物基础桩，适用于黏性土、粉土、砂土和素填土地基，对噪声和泥浆污染要求严格的场地可优先选用。

1　引用文件

《建筑工程施工质量验收统一标准》GB 50300—2013；
《建筑地基工程施工质量验收标准》GB 50202—2018；
《建筑地基处理技术规范》JGJ 79—2012；
《复合地基技术规范》GB/T 50783—2012；
《混凝土质量控制标准》GB 50164—2011；
《混凝土强度检验评定标准》GB/T 50107—2010；
《建筑地基基础工程施工规范》GB 51004—2015。

2　术语

长螺旋钻成孔压灌桩是使用长螺旋钻机成孔，成孔后自空心钻杆向孔内泵压桩料（混凝土或 CFG 桩混合料），边压入桩料边提钻直至成桩的一种施工工艺。

3　施工准备

3.1　材料及机具

3.1.1　水泥：宜用普通硅酸盐水泥，水泥进场时就有出厂合格证，施工前对所用水泥应检验初终凝时间、安定性和强度，并有现场复检报告。必要时，应检验水泥的其他性能。

3.1.2　粉煤灰：宜用 Ⅱ 级或 Ⅲ 级粉煤灰，粉煤灰进场时就有出厂合格证，并有现场复检报告。

3.1.3　石子：宜用粒径不大于 30mm 坚硬的碎石或卵石，含泥量不大于 3%。

3.1.4　石屑：含泥量不大于 3%。

3.1.5　砂：宜用中砂或粗砂，含泥量不大于 3%，且泥块含量不大于 1%。

3.1.6　钢筋：有抽样试验合格报告。

3.1.7　外加剂：采用减水剂等，根据施工需要通过试验确定。

3.1.8 机具：长螺旋钻机、强制式搅拌机、混凝土输送泵、混凝土泵管、汽车吊、钢筋加工设施、小型挖掘机、振动器、机动翻斗车、小推车、重锤、水准仪、经纬仪等。

3.2 作业条件

3.2.1 岩土勘察报告，基础施工图纸，施工组织设计齐全。

3.2.2 地上、地上建筑物或障碍物全部拆除完毕，达到"三通一平"条件。

3.2.3 施工场地已平整，对桩机运行的松软场地已进行预压处理，周围已做好有效的排水措施。

3.2.4 轴线控制桩及水准基点桩已设置并编号，且经复核。

3.2.5 供水、供电、运输道路、现场小型临施设施已设置就绪。

3.2.6 现场操作人员应经过理论学习，并进行实际施工操作培训，考试合格后方可持证上岗。

3.2.7 施工前进行成孔试验，以校对地勘资料、检验设备及技术要求，试孔数量不少于2根。

4 操作工艺

4.1 工艺流程

测量放线 → 输送泵及管路的安设 → 钻机就位 → 钻孔至设计标高 →

泵送混合料与提升钻杆 → 成桩移机 → 钢筋笼下放

4.2 测量放线

根据基础轴线控制桩，定出各桩孔中心点，可用 ϕ20mm 钢钎插入土中250mm，拔出后灌入石灰定点。

4.3 输送泵及管路的安设

混凝土泵型号应根据桩径选择，混凝土输送泵管布置应不影响钻机的就位，管道尽量少弯，混凝土泵与钻机的距离不宜超过60m。泵送管宜保持水平，当长距离泵送时，泵管下面应垫实。

4.4 钻机就位

钻机就位必须平整、稳固，确保钻机在施工过程中不发生倾斜和偏移。在钻机双侧吊线坠，校正、调整钻杆的垂直度，确保钻杆垂直度不大于1.5%。在桩架上设置控制深度的标尺，并在施工中进行观测记录。钻机定位后，应进行复检，钻头与桩位点偏差不得大于20mm。

4.5 钻孔至设计标高

4.5.1 钻孔开始前检查钻头两侧阀门，应开闭自如。钻孔开始时，关闭钻头阀门，向下移动钻杆至钻头触及地面时，启动马达钻进。先慢后快，钻进的速度控制在 1～1.5m/min。根据钻机塔身上的进尺标记，当成孔达到设计标高时，停止钻进。

4.5.2　成孔时的钻压、转速和钻进速度要根据地质变化与动力头工作电流显示值进行合理调整，正常钻进的电流值一般为 100A 左右。在钻进时，应记录每米电流变化并记录电流突变位置的电流值，存档备案以作为地质复核情况的参考。

4.5.3　在成孔过程中发现钻杆摇晃或卡钻时，应停钻查明原因，采取纠正措施后方可继续钻进。

4.5.4　对成孔时钻出土及时清理，以保证场地道路通畅、平整。

4.6　泵送混合料与提升钻杆

4.6.1　当钻孔至设计深度后，启动混凝土输送泵向钻具内输送桩混合料，先停顿 10～20s，待桩料输送到钻具底端时，将钻具慢慢上提 0.1～0.3m，以观察混凝土输送泵压力有无变化，来判断钻头两侧阀门是否已经打开，输送桩料顺畅后，方可开始压灌成桩工作，严禁先提管后泵料。

4.6.2　提升钻杆的速度必须与泵入混合料的速度相匹配，而且不同土层中提拔的速度不一样。砂性土、砂质黏土、黏土中提拔的速度为 2～3m/min，在淤泥质土中应当放慢提升速度。保证管内有一定高度的混凝土，成桩过程中应连续进行。

4.6.3　边泵送桩料边提拔钻具。压灌成桩过程中提钻与输送桩料应自始至终密切配合，钻具底端出料口不得高于孔内桩料的液面。当提升钻杆接近地面时，应放慢提管速度并及时清理孔口渣土。

4.6.4　施工时设置专人监测成孔、成桩质量，并逐根做好成桩施工记录，班组长、项目技术负责人应对每班记录的《混凝土（混合料）工程施工记录表》、《钻孔压灌桩施工记录表》进行检验核实无误后签字。施工成孔时发现地层与勘察资料不符时，应查明情况，会同设计单位采取有效处理措施。

4.7　成桩移机

4.7.1　桩身混凝土的泵送压灌应连续进行，一根桩施工完成后，转移钻机到下一桩位。当钻机移位时，混凝土泵料斗内的混凝土应连续搅拌。

4.7.2　压灌桩充盈系数宜为 1.0～1.2.桩顶标高宜高出设计桩顶标高不少于 0.5m。

4.7.3　桩机移机至下一桩位施工时，应根据轴线或周围桩的位置对需施工的桩位进行复核，保证桩位正确。

4.8　钢筋笼下放

4.8.1　混凝土压灌结束后，应立即将钢筋笼下放，插钢筋笼作业之前，要将振动锤的振杆插入钢筋笼，并与振动锤连接好，设置不少于三个连接点，分别置于钢筋笼的高中低三个位置，且在不同的方向。

4.8.2 长螺旋钻机起吊振动锤、钢筋笼，使钢筋笼对准桩位中心，启动振动锤，钢筋受振动向下插入桩孔混凝土中，同时控制钢筋笼顶标高，下笼过程中必须先使用振动锤及钢筋笼自重进行静力压入，压至无法压入时再启动振动锤，防止由振动锤振动导致的钢筋笼偏移，插入速度宜控制在 1.2～1.5m/min。下插到设计位置后关闭振动锤电源，最后摘下钢丝绳。

5　质量标准

5.0.1 长螺旋钻孔压灌桩主控项目质量检验标准见表 25-1。

长螺旋钻孔压灌桩主控项目质量检验标准　　　　表 25-1

检查项目	允许值或允许偏差		检查方法
	单位	数值	
地基承载力	不小于设计值		静载试验
混凝土强度	不小于设计值		28 天试块强度或钻心法
桩长	不小于设计值		施工中量钻杆长度，施工后钻心法或低应变法检测
桩径	不小于设计值		用钢尺量
桩身完整性	—		低应变法检测

5.0.2 长螺旋钻孔压灌桩一般项目质量检验标准见表 25-2。

长螺旋钻孔压灌桩一般项目质量检验标准　　　　表 25-2

检查项目	允许偏差或允许值		检查方法
	单位	数值	
混凝土坍落度	mm	160～220	坍落度仪
混凝土充盈系数	≥1.0		实际灌注量与理论灌注量的比
垂直度	≤1/100		经纬仪测量或线坠测量
桩位	≤100+0.01H（D≥500mm） ≤70+0.01H（D<500mm）		全站仪或用钢尺量
桩顶标高	mm	+30 −50	水准测量
钢筋笼笼顶标高	mm	±100	水准测量

注：1. H——桩基施工面至设计桩顶的距离（mm）。
　　2. D——设计桩径（mm）。

6　成品保护

6.0.1　为了保证桩顶强度，桩顶的超灌高度不应小于 500mm。

6.0.2　桩体达到一定强度后，方可开挖。

6.0.3　对弃土和保护土层采用机械、人工联合清运进，应避免机械设备超挖，并预留至少 200mm 用人工清除，防止造成桩头断裂和扰动桩间土层。

6.0.4　凿桩头时，用钢钎等工具沿桩周向桩中心逐次剔除多余的桩头直到设计桩顶标高，并把桩头找平。不可用重锤或重物横向击打桩体。

6.0.5　合理安排施工顺序，避免后续施工对已施工桩体造成破坏。

6.0.6　设计桩项标高以上应预留 50～100mm 厚土层，待验槽合格后，方可由人工开挖至设计桩顶标高。

6.0.7　保护土层和桩头清除至设计标高后，应尽快进行褥垫层的施工，以防桩间土被扰动。

6.0.8　冬期施工时，保护土层和桩头清除至设计标高后，立即对桩间土和桩采用草帘、草袋等保温材料进行覆盖，防止桩间土冻胀而造成桩体拉断，同时防止桩间土受冻后复合地基承载力降低。

7　注意事项

7.1　应注意的质量问题

7.1.1　钻孔前测量员要对轴线桩位进行复核，确保每根桩的位置正确。

7.1.2　桩料质量检验应根据工程施工配合比要求进行，现场混凝土的坍落度应在 160～220mm 之间。

7.1.3　成桩过程中，应抽样做混合料试块，每台机械一天应做一组试块，进行标准养护，并测定其立方体抗压强度。

7.1.4　气温高于 30℃时，要在输送泵管上覆盖隔热材料，每隔一段时间洒水降温。

7.1.5　钻孔至设计孔深后，应边提钻杆边压灌混凝土，压灌应连续进行，不得停泵待料，以免造成混凝土离析、桩身缩径和断桩。压灌至设计桩顶时应缓慢提钻及压灌，避免造成混凝土的浪费。

7.1.6　混凝土压灌完成后，应在孔位口做一标记，避免下放钢筋笼时偏离孔位。首先应人工进行旋转下放，然后采取机械振动下放至设计标高。

7.1.7　钢筋笼在下放前应设置可靠的保护层控制支架。

7.2　应注意的安全问题

7.2.1　钻机、混凝土泵等必须由专职操作手按规程操作，设备定期检查维修，钢丝绳、轮滑、机械等传动部件应经常检查、维修、保养，使其运转正常，安全装置必须齐全、灵敏、可靠。

7.2.2 设备操作人员严格执行操作规程。

7.2.3 钻机在遇有六级以上大风、大雨时停止作业。

7.2.4 施工现场按平面布置图布置，做到布局合理，机械设备安置稳固，材料堆放整齐，用电设施安装触电保护器，场地平整，为安全生产创造良好环境。

7.3 应注意的绿色施工问题

7.3.1 作业现场路面干燥时应采取洒水措施、装卸时应轻放或喷水、现场粉煤灰、水泥和碎石临时堆放时应进行覆盖，避免产生粉尘及扬尘。

7.3.2 粉煤灰、水泥和碎石运输时应按要求进行覆盖，避免产生扬尘；翻斗车卸料避免产生粉尘；装车严禁太满、超载，避免遗洒、损坏及污染路面等现象发生。

7.3.3 水泥粉煤灰碎石桩机械施工时应选用符合噪声排放标准要求的设备，作业时应避开休息时间以减少对周围居民的噪声影响。

7.3.4 水泥粉煤灰碎石桩施工所用机械设备应选用节能型的，以节约油料消耗，尾气排放要符合标准。避免废油溢漏，对废油及油抹布油手套按规定处理。合理选用配套设备，节约电能消耗。

7.3.5 搅拌机械及机具清洗时应节约用水，现场应设置沉淀池，污水须经沉淀达标后，方可排放。

8 质量记录

8.0.1 试桩施工记录、检验报告；

8.0.2 混合料配合比、商品混合料合格证；

8.0.3 混合料抗压强度试验报告；

8.0.4 钢筋、水泥、砂、碎石等原材料产品合格整机试验报告；

8.0.5 长螺旋成孔灌注桩施工记录；

8.0.6 桩基承载力检验记录；

8.0.7 钢筋笼加工和安装检验批质量验收记录；

8.0.8 灌注桩质量检验批验收记录。

第 26 章　灌注桩后注浆

本工艺标准适用于各种地质土性条件下的泥浆护壁钻挖冲孔灌注桩和干作业钻挖孔灌注桩后注浆施工。

1　引用文件

《建筑桩基技术规范》JGJ 94—2008
《建筑地基工程施工质量验收标准》GB 50202—2018
《建筑工程施工质量验收统一标准》GB 50300—2013
《普通混凝土拌合物性能试验方法标准》GB/T 50080—2016
《通用硅酸盐水泥》GB 175—2007
《公路桥涵施工技术规范》JTG/T F50—2011
《建筑地基基础工程施工规范》GB 51004—2015
《混凝土结构工程施工质量验收规范》GB 50204—2015

2　术语

2.1　灌注桩后注浆：是指在灌注桩成桩后一定时间，通过预设在桩身内的注浆导管及与之相连的桩端、桩侧处的注浆阀以压力注入水泥浆的一种施工工艺。加固桩侧泥皮、桩端沉渣及地基土，以达到提高桩的侧阻力、端阻力和竖向承载力，减少沉降的目的。

2.2　低应变动测法：也叫小应变检测法是指采用低能量瞬态或稳态激振方式在桩顶激振，实测桩顶部的速度时程曲线或速度导纳曲线，通过波动理论分析或频域分析，对桩身完整性进行判定的检测方法。

3　施工准备

3.1　作业条件

3.1.1　应编制灌注桩后压浆施工方案。

3.1.2　熟悉现场的工程地质和水文地质资料，了解地下管线位置及建构筑物等地下障碍物是否已处理完毕，达到"三通一平"条件。

3.1.3　施工现场碾压平整就绪，临时设施、后压浆注浆系统按施工平面布置图准备就绪。

3.1.4　桩基础工程施工图纸，根据设计要求、钻孔工艺等确定压浆管理埋设方法、位置以及布置情况等就绪。

3.1.5　对不利于施工机械运行安置的松软场地，须经夯实或碾压，场地应采取有效的排水措施。

3.1.6　根据灌注桩成桩时间确定注浆的进行路线和顺序，对现场施工人员进行全面的施工技术交底。

3.1.7　正式施工前应做好压浆试验，数量不少于 3 根。

3.1.8　操作人员应经过理论与实际施工操作的培训，并持证上岗。

3.2　材料及机具

3.2.1　水泥：宜采用强度等级 32.5～42.5 级普通硅酸盐水泥或矿渣硅酸盐水泥，根据设计要求选择水泥的类型。

3.2.2　水：应用自来水或不含有害物质的洁净水，符合拌制混凝土用水要求，水中不应含有影响水泥正常凝结与硬化的有害物质、油脂、糖类和游离酸类。污水、pH 值不小于 5 的酸性水及含硫酸盐量 SO_4^{2-} 计超过水的质量 $0.27mg/cm^3$ 的水不得使用。

3.2.3　外加剂：灌注桩后压浆水泥浆一般不掺加外加剂，当遇到特殊施工条件或特殊地质、水文情况时，可适当加入减水剂或速凝剂。外加剂掺入数量必须通过试验确定。

3.2.4　压浆导管：压浆导管如果设计采用声测管，桩端压浆阀宜采用开放式单向阀。如果采用闭式压浆，压浆导管一定要和注浆腔连接紧密，封闭严密，不能漏水。

3.2.5　水泥浆搅拌机：水泥浆搅拌机可采用双层搅拌设置或双筒高速搅拌机，搅拌机的拌和能力应与注浆泵的排浆量相适应，并应能保证均匀、连续地拌制浆液。

3.2.6　注浆泵：注浆泵应选用多缸往复式柱塞注浆泵，注浆泵性能应与浆液浓度相适应，容许工作压力应大于最大注浆压力 1.5 倍，并应有足够的排浆量和稳定的工作性能。注浆泵要安装防振压力表。压力表量程应大于最大注浆量 1.3 倍，精度应不低于 2.5 级。

3.2.7　其他辅助机具：电焊机、发电机、水泵、泥浆比重计、温度计、稠度仪、试模、压力机、吊车，运输车等设备。

4 操作工艺

4.1 工艺流程

压浆管、压浆阀（腔）制作 → 随钢筋笼下沉安放压浆装置 → 二次清孔 →

桩体混凝土灌注 → 开阀 → 水泥浆制备 → 压力注浆 → 稳压补浆及堵孔

4.2 制作压浆管、压浆阀（腔）

4.2.1 在制作钢筋笼的同时制作压浆管、压浆阀（腔）。压浆管采用直径为 25mm 的无缝钢管制作，接头采用丝扣连接，两端采用丝堵封严。压浆管上部比灌注桩打桩作业面高出 30～50cm，以灌注混凝土时不被碰撞损坏为宜，在桩底部长出钢筋笼 5cm。

4.2.2 设计采用开放式注浆时压浆管在最下部 20cm 制作成压浆喷头阀（俗称花管或压浆阀），在该部分采用钻头均匀钻出 4 排（每排 4 个）、间距 3cm、直径 3mm 的压浆孔作为压浆喷头，钻孔完毕应将管内铁屑清理干净后，用图钉将压浆孔堵严，外面套上同直径的自行车内胎并在两端用胶带封严，这样压浆喷头就形成了一个简易的单向装置：当注浆时压浆管中压力将车胎迸裂、图钉弹出，水泥浆通过注浆孔和图钉的孔隙压入碎石层中，而混凝土灌注时该装置又保证混凝土浆不会将压浆管堵塞。

4.2.3 设计采用闭式注浆时，使用压浆腔（也叫压浆胶囊），压浆腔平铺设置于钢筋笼最下端，压浆腔与钢筋笼接触处采用直径比钢筋笼直径大 6cm、厚度为 3～5mm 圆形钢板隔离，以免钢筋笼穿破压浆胶囊，压浆胶囊内对称设置 2 个弧形压浆喷阀，压浆腔内装填适量 1.5～3.0cm 级配的碎石填充，以保护压浆喷阀，弧形压浆喷阀通过"三通"与注浆管垂直连接。压浆腔随钢筋笼下沉时要采用铁丝捆绑固定好压浆胶囊。

4.3 随钢筋笼下沉安放压浆装置

4.3.1 当灌注桩钻孔深度达到设计要求后，钻机钻头留置在孔底空转清渣。重复几次进行清孔，清孔完毕提出钻头，由专职质量员和工程监理进行孔径、孔深、垂直度检测，验收合格后，移走钻机，盖好盖板，进行下道工序钢筋笼的吊放，并安装注浆装置。

4.3.2 由于钢筋笼的安装与压浆装置的安装同时进行，钢筋笼安放过程务必要注意保护压浆装置。

4.3.3 钢筋笼的吊放要对准孔位、扶稳、缓慢、避免碰撞孔位，到位后立即固定。当下放困难时，应查明原因，不得强行下放，保护压浆装置。

4.3.4 多节钢筋笼吊放时，应将钢筋笼在孔口接长后再放入孔内，利用先插入孔内的钢筋笼上部架立筋将笼体固定在护筒上，再利用吊装机械将上节钢筋笼临时吊住进行两节钢筋笼的对接和绑扎。注浆管随着钢筋笼的分段下沉也分节安装，接头用密封带缠裹，通过管箍上下连接紧密，以免漏气。

4.3.5　当采用焊接连接钢筋笼或注浆管时。钢筋笼对接好或注浆管焊接好后要请质量员和工程监理对焊缝检查验收，冷却后再沉入孔内。

4.3.6　钢筋笼的标高定位，可采用锁定式吊杆。吊杆吊环与护筒绑扎在一起，将钢筋笼固定，同时可防止灌注混凝土时钢筋笼的上浮。

4.3.7　注浆管随钢筋笼位置固定，注浆管应露出地表，以不影响孔口水下混凝土的灌注又能保证不碰撞注浆管为宜，一般露出地表高度为 60～100cm。

4.3.8　压浆管、压浆阀、注浆腔的设置及安装方法

灌注桩后压浆方式有三种：桩底压浆；桩测压浆；桩底、桩侧复式压浆。

1　后注浆导管采用标准尺寸的钢管，一般沿钢筋笼竖向设置 3 根，其中桩底注浆管通长设置 2 根，且应与钢筋笼加劲箍绑扎固定或焊接。另一根竖向注浆管连接桩侧注浆管阀。桩侧注浆管阀采用环形管阀，在距桩底 5～15m 以上、距桩顶 8m 以下，每隔 6～12m 设置一道。

2　压浆管随钢筋笼分段连接，下段钢筋笼上的压浆管可在下笼前用铁丝预先绑附牢固，上段钢筋笼的压浆管可先临时固定，在钢筋笼连接完毕后，将上下段压浆管用丝扣密闭连接，并再次捆绑加固在钢筋笼上。注浆管连接时要保证其密闭性，管口用堵丝并缠胶带拧紧，防止泥浆进入管中造成堵塞。钢筋笼下放完毕，进行第一次泵水清洗管路后，要及时用不同颜色堵头将注浆管封闭，以视区别。

3　钢筋笼下放安装注浆腔（阀）、注浆管时，钢筋笼吊放不得弯曲，并确认保证注浆腔、压浆阀完好无损，钢筋笼下放孔底后不得墩放、强行扭转、冲撞。注浆阀要能承受 1MPa 以上静水压力。

4　在安放导管及灌注混凝土等施工过程中，应采取措施加强对注浆腔、注浆管的保护，防止受到施工机具的碰撞而损坏。

4.4　开阀

钢筋笼加工时，在压浆管底部制作安装单项压浆阀，混凝土浇筑完毕、凝固前，必须采用注浆泵打开压浆管底部的压浆阀，否则混凝土凝固后，被包裹的压浆阀无法打开，无法顺利实现压浆。

4.5　水泥浆制备

4.5.1　水泥浆液水灰比按设计要求进行配制，现场施工时可根据地质水文情况及后压浆工艺适当调整。浆液的水灰比应根据土的饱和度、渗透性确定，一般水灰比宜为 0.45～0.9。低水灰比浆液应掺入减水剂。

4.5.2　制浆时宜采用合适的度量方法进行配制，配料的允许误差为±5％；

4.5.3　水泥浆的搅拌时间：使用普通搅拌机时，搅拌时间不少于 3min；使用高速搅拌机时，搅拌时间不少于 30s。浆液在使用前要过筛。

4.5.4　季节性阶段制浆时：寒冷季节，水泥浆液的温度不应小于 5℃，拌和料应不含雪、冰和霜；寒冷季节如果采用热水制浆，水温不得超过 40℃。炎热季节制浆时，应采取防热和防晒措施，浆液温度不应超过 40℃。

4.5.5　制好的浆液，应安排试验人员制作水泥试件，并进行稠度试验，合格后方能注浆；水泥浆液从拌制至使用的最长保留时间由试验而定，一般不得超过 4h。

4.5.6　注浆量大而且比较集中时，可建立制浆站集中制浆输送。

4.6　压力注浆

4.6.1　注浆作业宜在成桩后 2～30d 内完成，混凝土强度达到设计值的 75％方可实施压浆作业。在桩基工程中，当基桩完整性检测（常采用小应变或声波检测法）合格后方可进行后压浆施工作业。

4.6.2　注浆前应对搅拌机、注浆泵等进行运转检查，对注浆管路等进行耐压试验。

4.6.3　注浆顺序应按设计规定执行，若设计文件没有明确，可根据地质、水文情况由有经验的后压浆施工技术人员确定。注浆顺序一般应遵循先桩侧后桩端、先上部后下部、先外围后中心的原则。

4.6.4　正式注水泥浆之前应先注入一定数量的清水。

4.6.5　注浆采用压浆量与压力双控的原则，以压浆量控制为主，压力控制为辅，工作压力一般为 1～3MPa；终止压力应按设计规定执行，若设计文件没有明确，可根据水文、地质情况由有经验的后压浆施工技术人员确定，注浆终止压力一般为 1.5～8.0MPa，非饱和土、细颗粒、密实的土层取高值，相反取低值。

4.6.6　注浆量按设计执行，若设计文件未明确，可根据《建筑桩基技术规范》JGJ 94、《公路桥涵施工技术规范》JTG/T F50 等相关规范的有关要求执行。

4.6.7　注浆过程中浆液流量要控制在 75L/min 以内，终止注浆时浆液流量不大于 30L/min。

4.6.8　注浆总量达到设计值的 75％，注浆压力超过设计注浆终止压力值，且注浆压力一直较大时，可终止注浆。注浆终止持压时间为 5min。

4.6.9　注浆过程出现异常情况时，应查明原因并进行相应处理后方可继续注浆。

4.7　稳压补浆及堵孔

压浆完毕后，不应立即拆除高压胶管，要稳压 5 左右，让浆液充分渗入桩侧或桩低土体，之后再复压几下，让压浆管内充满水泥浆，最后用木塞子将压浆管堵严实，此时压浆结束。

5　质量标准

5.1　主控项目

5.1.1　原材料试验符合相关规范要求。

5.1.2　注浆终止压力不小于设计压力且不大于 10MPa。

5.1.3　注浆量不小于设计注浆量最低限值。

5.2　一般项目

5.2.1　注浆工作在成桩 2～30d 内进行。

5.2.2　水泥浆温度不小于 5℃且不大于 40℃。

5.2.3　水泥浆水灰比符合设计要求。

5.2.4　异常情况处理得当、可靠。

5.2.5　施工记录完整、规范。

6　成品保护

6.0.1　露出地面的压浆管用堵头封住，采用不同的颜色对桩底、桩侧注浆管进行区别标注，在压浆管附近插小红旗警示，防止碰撞或挤压压浆管。

6.0.2　在施工部署中应考虑在有压浆管处尽量不留设临时道路，严禁机械设备碾压压浆管。

6.0.3　冬季施工时要及时掌握气温变化，气温低于 5℃对露在地面的压浆管进行包裹防冻，以免压浆管内结冰或冻裂压浆管，导致压浆无法实施。

6.0.4　压浆初凝前，应避免机械设备碰撞扰动压浆管，以免影响浆液强度的增长。

6.0.5　压浆完毕后，及时用木塞子将压浆管口堵严，防止浆液喷出或倒流。

7　注意事项

7.1　应注意的质量问题

7.1.1　若遇到压浆阀不能正常开启，可适当调高注浆泵压力，用脉冲法打通压浆阀，但最高压力不能超过 10MPa。

7.1.2　若地面出现冒浆，应根据具体情况采取堵塞冒浆通道、调整水灰比、降低注浆压力、间隙注浆等方法进行处理。

7.1.3　若注浆量达到设计注浆量的 75%，注浆压力还不足注浆终止压力的 70%，且注浆压力一直很小时，应采取调整水灰比、间隙注浆、掺入添加剂等方法进行处理。

7.1.4　若遇到特殊地层，如断裂带、流沙、软弱层、溶洞等，应召开技术专题会议研究处理。

7.1.5　注浆工作必须连续进行，若因故中断，应按一下原则进行处理：

1　尽可能缩短注浆中断时间，尽早恢复注浆工作。

2　中断时间超过 30min 时，应立即设法冲洗设备、管路等，以防水泥浆固化。

3　恢复注浆时，应先注入水灰比值较大的水泥浆，当管路、压浆阀畅通后再恢复到正常水灰比的水泥浆。

7.1.6　压浆阀全部堵塞不能实施注浆时，可在桩中心和桩周钻取引孔，重新安装压浆系统实施注浆。但必须注意不损伤桩基钢筋，按有关规范处理引孔。

7.1.7　注浆作业与成孔作业点的距离不宜小于 8～10m。

7.1.8　桩侧桩端注浆间隔时间不宜小于 2h。

7.2　应注意的安全问题

7.2.1　加强机械维护、检修、保养，机电设备专人操作。

7.2.2　严格用电管理，施工现场的一切电源、电路的安装和拆除，必须由持证电工操作，电器必须严格接地、接零和漏电保护。现场电缆应架空，严禁拖地和埋压土中。

7.2.3　高压注浆时，操作人员不要站在高压胶管接头的抛出方向。

7.2.4　注浆前及时抽干空桩部分的泥浆，回填素土并夯实或设安全盖（网片）盖严，防止坠孔掉落，井口位置要设明显的警示标志。

7.2.5　注浆泵运行中，勿将手伸入或防止其他物体掉入柱塞运动腔内。

7.2.6　注浆泵的高压胶管和压浆管要预先安装易于操作的安全双阀，保证安装和拆除接头时的安全。

7.3　应注意的绿色施工问题

7.3.1　施工废水、废弃的浆、渣应进行处理，不得直接排放污染环境，倒入规定地点。

7.3.2　水泥浆储存池（罐）在无桩位处设置。池（罐）的容量不小于搅拌机两次出浆数量，防止泥浆数量大而外溢，又可确保注浆连续需求的浆液。水泥浆储存池应用砖砌筑，池壁和池底用水泥砂浆抹面。

7.3.3　对油料等易挥发品的存放要密闭，并尽量缩短开启时间。

7.3.4　严禁在施工现场焚烧塑料包装、油毡、橡胶、塑料、皮革包装以及其他产生有毒有害气体的物质。

7.3.5　在运输水泥和其他易飞扬的细颗粒散体材料时，用篷布覆盖严密、并装量适中，不得超限运输，以减少扬尘。

7.3.6　在水泥浆搅拌作业时，作业人员配齐防尘罩等劳动保护用品。

7.3.7　驶出施工现场的车辆应进行清洗，避免携带泥土、水泥浆液等驶入市政道路。

8　质量记录

8.0.1　水泥、外加剂的出厂合格证及试验报告；

8.0.2　水泥浆配合比通知单；

8.0.3　灌注桩完整性检测报告；

8.0.4　钢筋笼及压浆系统安装验收记录；

8.0.5　注浆记录；

8.0.6　灌注桩承载力检测报告；

8.0.7　灌注桩后压浆施工隐蔽验收记录；

8.0.8　灌注桩质量验收记录；

8.0.9　其他技术文件。

第27章　机动洛阳铲成孔灌注桩

本工艺标准适用于地下水位以上的黄土及湿陷性黄土地区灌注桩施工。

1　引用文件

《公路桥涵施工技术规范》JTG/T F50—2011；
《建筑桩基技术规范》JGJ 94—2008；
《建筑地基处理技术规范》JGJ 79—2012；
《湿陷性黄土地区建筑规范》GB 50025—2004；
《建筑地基工程施工质量验收标准》GB 50202—2018；
《混凝土结构工程施工质量验收规范》GB 50204—2011；
《建筑地基基础工程施工规范》GB 51004—2015。

2　术语

2.0.1　机动洛阳铲成孔灌注桩：干作业成孔灌注桩的一种，系利用机动洛阳铲成孔，至设计深度后，进行孔底清理，然后下钢筋笼，浇筑混凝土成桩。

3　施工准备

3.1　作业条件

3.1.1　应编制机动洛阳铲灌注桩施工组织设计，应包括主要的施工方案、工艺控制标准、质量验收标准、进度计划、材料供应、机具配备、劳动力组织和安全文明施工等。

3.1.2　平整场地，清除打桩范围地上、地下障碍物（种植物、杂树等）、低洼处用黏性土进行回填、平整。修建临时施工道路，按施工需要配置供水、供电设施。

3.1.3　设置测量坐标，定位放线（并经过复检），布置桩位图。

3.1.4　施工机械安装完成，并进行满负荷运行试验合格，具备正常运行条件。

3.1.5　施工前应逐级进行技术交底，并且要有书面材料发至各方面各有关部门的相关人员手中。

3.1.6　一般由2人操作1台机动洛阳铲，即1人操纵卷扬机，1人推小翻斗车运土。其工作效率是人工的15倍。还有一种是将铲头安装在拖拉机头上作业，便于搬运移动。

3.1.7　施工前根据工程量大小、施工难度合理配置施工作业人员。钢筋工、电工、电焊工、起重工、驾驶员、普工等，各工种具体人数由工程量大小、工期长短、施工环境确定。其中电工、电焊工、起重工、驾驶员属特殊工种范畴，上岗人员必须具有特种作业操作证。

3.2　材料及机具

3.2.1　水泥：优先选用普通硅酸盐或矿渣硅酸盐水泥，要求无结块。

3.2.2　砂：砂使用中砂或粗砂，含泥量小于5%。

3.2.3　石子：采用卵石或碎石，粒径5～40mm，含泥量不大于3%.

3.2.4　水：宜采用饮用水或不含有有害物质的洁净水。

3.2.5　钢筋：钢筋品种和规格均符合设计要求，并有出厂合格证和复试报告。

3.2.6　外加剂、掺和剂：应根据施工需要通过试验确定，外加剂应有产品出厂合格证。

3.2.7　主要有机动洛阳铲、卷扬机、水准仪、三脚支架、交流焊机、汽车吊等。

4　操作工艺

4.1　工艺流程

场地平整 → 放线定桩位 → 设备就位 → 洛阳铲挖土到设计标高 →
钢筋笼制作 → 安放钢筋笼 → 浇筑混凝土

4.2　场地平整

开工前，首先应对施工场地进行场地平整。清除施工区域内的垃圾、旧建（构）筑物、地下遗留管线等杂物。

4.3　放线定桩位

4.3.1　场地平整后，进行施工区域方格网测设，并进一步放出所有桩位纵横轴线。

4.3.2　设置定位龙门桩或木桩，用素混凝土固定定位桩，四周立上简易三脚钢筋防护架，保护定位桩，要求钢筋上涂刷红白相间的油漆，以示警戒作用。

4.4　设备就位

4.4.1　放线后，及时安装井口机具。主要包括三脚架、卷扬机、洛阳铲、小推车等。

4.4.2　安装完机具后，再次进行洛阳铲就位的复合测量。保证桩基不偏位。

4.5　洛阳铲挖土到设计标高

4.5.1　定位后，开挖桩孔土方。

4.5.2　机动洛阳铲由卷扬机、三脚架、钢丝绳、铲头等主要部件组成。铲头的制作比较特殊，呈圆柱体，上半部为配重，下半部为刃，由左右两片合围成圆筒形，利用铲头自重下落吃土，提起后电控开合铲刃，闭合抓土至地面卸土，依次循环成孔。

4.6　钢筋笼制作

4.6.1　钢筋笼主筋的连接方式主要有焊接和机械连接，在同一截面内的钢筋接头数不得多于主筋总数的 50%，两个接头点间的距离不应小于 35d，且最小不得小于 500mm。

4.6.2　主筋连接可采用对焊、搭接焊、绑条焊等，当主筋采用搭接焊时，单面焊时焊接长度≥10d，双面焊时焊接长度≥5d。钢筋笼焊接时不得从主筋上引弧，以免损伤主筋。焊缝表面应连续、光滑、饱满，不得有夹渣、气孔现象，焊缝余高应平缓过渡，弧坑应填满。搭接焊接头中心应与主筋轴心一致。

4.6.3　机械连接方式主要为挤压套筒连接、锥螺纹连接、直螺纹连接。当采用直螺纹连接时主要工序为：钢筋切头、加工丝头、戴帽保护、连接施工。

4.6.4　加劲筋制作，加劲筋一般采用单面或双面搭接焊，制作时，首先制作加劲筋模具，用钢尺校核模具尺寸后，批量生产。加劲筋在组装钢筋笼前，接头只点焊，待和主筋组装好后，才可对接头进行单面或双面搭接施焊，以避免钢筋局部受热变形。

4.6.5　螺旋箍筋制作螺旋筋加工前用卷扬机进行拉伸，提高钢筋的抗拉强度，并用圆筒卷成半成品挂标识牌存放。

4.6.6　钢筋笼拼装

1　首先在钢筋笼骨架成形架上安放加劲筋，在加劲筋上标出主筋位置，然后将主筋依次点焊在加劲筋上，要确保主筋与加劲筋相互垂直。当钢筋笼直径比较大时，应在加劲筋上焊接十字钢筋支撑，确保加劲筋不变形。

2　将骨架推至外箍筋滚动焊接器上，按规定的间距缠绕箍筋，并用电弧焊将主筋与箍筋固定。

3　将土筋与箍筋用绑丝跳点、双丝绑扎牢固。

4　钢筋笼制作成型检查合格后挂标牌于钢筋笼堆放场地，用垫木垫放整齐，防止钢筋笼。

5　钢筋笼定位器的设置，为确保钢筋笼保护层厚度，沿主筋外侧，每 4m

设立一组钢筋笼定位器,同一截面上均匀地布置3个。

4.7 安放钢筋笼

4.7.1 钢筋笼就位用小型吊运机具或履带起重机进行,吊放钢筋笼前应再次复查孔深、孔径、孔壁、垂直度及孔底虚土厚度。符合要求后再进行下步施工,否则应采取处理措施,直至符合要求。

4.7.2 吊放钢筋笼时,要对准孔位,吊直扶稳,缓慢下沉,避免碰撞孔壁。钢筋笼放到设计位置时,应立即固定。遇有两段钢筋笼连接时,宜采用机械连接,以确保钢筋的位置正确,保护层厚度符合要求。

4.8 浇筑混凝土

4.8.1 浇筑混凝土必须使用导管或串桶。导管内径200～300mm,每节长度为2～2.5m,最下一端一节导管长度应为4～6m,检查合格后方可使用。

4.8.2 导管或串桶距孔底不大于2m。

4.8.3 浇筑混凝土,注意落差不得大于2m,应边浇灌混凝土边分层振捣密实,分层高度按捣固的工具而定,一般不大于1.5m。

4.8.4 浇灌桩顶以下5m范围内的混凝土时,每次浇筑高度不得大于1.5m。

4.8.5 灌注混凝土至桩顶时,应适当超过桩顶设计桩顶标高500mm以上,以保证在凿除浮浆后,桩标高能符合设计要求。

5 质量标准

5.0.1 主控项目

机动洛阳铲成孔灌注桩主控项目质量检验标准见表27-1。

机动洛阳铲成孔灌注桩主控项目质量检验标准 表27-1

检查项目	允许偏差或允许值		检查方法
	单位	数值	
承载力	不小于设计值		静载试验
孔深及孔底岩性	不小于设计值		测钻杆长度或用测绳测孔深,检查孔底土岩性报告
桩身完整性	—		钻芯法、低应变法或声波透射法
混凝土强度	符合设计要求		28d试块强度或钻芯法
桩径	≥0		井径仪或超声波检测,或钢尺量

5.0.2 一般项目

机动洛阳铲成孔灌注桩一般项目的质量检验标准应符合表27-2。

机动洛阳铲成孔灌注桩一般项目的质量检验标准 　　表 27-2

检查项目		允许偏差或允许值		检查方法
		单位	数值	
桩位		mm	$\leqslant 70+0.01H$	全站仪或钢尺量，基坑开挖前量护筒，开挖后量桩中心
垂直度			$\leqslant 1\%$	经纬仪测量或线坠测量
混凝土坍落度		mm	$90\sim 150$	坍落度仪
桩顶标高		mm	$+30\sim -50$	水准测量
钢筋笼质量	主筋间距	mm	± 10	用钢尺量
	长度	mm	± 100	用钢尺量
	钢筋材质检验	设计要求		抽样送检
	箍筋间距	mm	± 20	用钢尺量
	笼直径	mm	± 10	用钢尺量

6 成品保护

6.0.1 桩头预留的主筋插筋，应妥善保护，不得任意弯折或压断。

6.0.2 已完桩的软土基坑开挖，应制定合理的施工顺序和技术措施，防止造成桩位移和倾斜，并检查每根桩的纵横水平偏差，采取纠正措施。

6.0.3 桩头部分挖土时采用人工剥土，防止机械开挖破坏桩头。

7 注意事项

7.1 应注意的质量问题

7.1.1 开始成孔或穿过软硬互层交界时，应缓慢进尺，保证垂直度。

7.1.2 成孔完毕应及时盖好孔口，并防止在盖板上过车和行走。操作中应及时清理虚土。

7.1.3 要严格按操作工艺边灌混凝土边振捣的规定执行。严禁把土及杂物和混凝土一起灌入孔中。防止桩身混凝土质量差，有缩颈、空洞、夹土等。

7.1.4 混凝土灌倒桩顶时，应随时测量顶部标高，以免过多截桩。

7.1.5 冬季当温度低于0℃浇灌混凝土时，应采取加热保温措施。浇灌时，混凝土的温度按冬施方案规定执行。在桩顶未达到设计强度50％以前不得受冻。当气温高于30℃时，应根据具体情况对混凝土采取缓凝措施。

7.1.6 雨季严格坚持随钻随打混凝土的规定，以防遇雨成孔后灌水造成塌孔。雨天不能进行钻孔施工。现场必须采取有效的排水措施。

7.2 应注意的安全问题

7.2.1 加强机械维护、检修、保养，机电设备专人操作，并应遵守操作规程。

7.2.2　严格用电管理，施工现场的一切电源、电路的安装和拆除，必须由持证电工操作，电器必须严格接地、接零和漏电保护。现场电缆应架空，严禁拖地和埋压土中。

7.2.3　焊、割作业点，氧气瓶、乙炔瓶、易燃易爆物品的距离和防火要求应符合有关规定。

7.2.4　相邻桩施工时，应协调施工进度，避免造成相互影响。

7.3　**应注意的绿色施工问题**

7.3.1　废弃的浆、渣应进行处理，不得直接排放污染环境。

7.3.2　对油料等易挥发品的存放要密闭，并尽量缩短开启时间。

7.3.3　严禁在施工现场焚烧塑料包装、油毡、橡胶、塑料、皮革包装以及其他产生有毒有害气体的物质。

7.3.4　在运输砂石、水泥和其他易飞扬的细颗粒散体材料时，用篷布覆盖严密、并装量适中，不得超限运输，以减少扬尘。

7.3.5　施工前应制定保护建筑物、地下管线安全的技术措施。

7.3.6　施工前应在醒目位置设环境保护标识。

7.3.7　驶出施工现场的车辆应进行清洗，避免携带泥土。

8　质量记录

8.0.1　原材料合格证明检验试验报告。

8.0.2　钢筋隐蔽工程验收记录。

8.0.3　钢筋笼加工和安装质量检查记录。

8.0.4　钢筋接头力学性能试验报告。

8.0.5　成孔灌注桩施工记录。

8.0.6　混凝土抗压强度试验报告。

8.0.7　桩体质量检查记录。

8.0.8　桩承载力检验记录。

8.0.9　灌注桩质量检验批验收记录。

8.0.10　测量放线复核验收记录。

8.0.11　其他技术文件。

第28章　螺旋钻成孔灌注桩

本工艺标准适用于工业与民用建筑的处于地下水位以上的一般黏性土、密实状态的砂土及人工填土地基的螺旋成孔灌注桩工程。

1　引用文件

《建筑地基工程施工质量验收标准》GB 50202—2018
《建筑桩基技术规范》JGJ 94—2008
《建筑地基处理技术规范》JGJ 79—2012
《建筑工程施工质量验收统一标准》GB 50300—2013
《建筑机械使用安全技术规程》JGJ 33—2012
《建筑地基基础工程施工规范》GB 51004—2015

2　术语

螺旋成孔灌注桩：干作业成孔灌注桩的一种，系利用电动机带动带有螺旋叶片的钻杆钻动，使钻头螺旋叶片旋转削土，土块随螺旋叶片上升排出孔口，至设计深度后，进行孔底清理，然后下钢筋笼，浇筑混凝土成桩。

3　施工准备

3.1　作业条件

3.1.1　依据现场条件确定施工方法，编制施工方案，按审核批准的施工方案进行技术交底。

3.1.2　要选择和确定钻孔机的进出路线和钻孔顺序，做好安全技术交底。

3.1.3　场地经夯实与碾压，场地应采取有效的排水措施。

3.1.4　根据设计图纸放出轴线及桩位，抄平，并经过复核验证后，办理签字手续。

3.1.5　正式施工前应做好成孔试验，数量不少于2根，复核地质资料以及设备、工艺是否适宜，核定选用的技术参数。

3.1.6　分段制作好钢筋笼，其长度以5~8m为宜。

3.1.7　根据设计要求，经试验确定混合料配合比。

3.1.8　开工前所有的施工人员经过培训考核,做好进场人员的进场教育和上岗前的岗位培训;专业技术人员及特殊工种必须持证上岗。

3.1.9　熟悉现场的工程地质和水文地质资料,地上、地下障碍物均应处理完善,达到"三通一平"条件。

3.2　材料及机具

3.2.1　水泥:宜采用普通硅酸盐水泥,具有出厂合格证和检测报告。

3.2.2　砂:宜为中砂,有机质含量符合设计要求。

3.2.3　碎石:碎石粒径为20~40mm,有机质含量符合设计要求。

3.2.4　水:宜用饮用水或不含有害物质的洁净水。

3.2.5　钢筋:品种和规格均符合设计要求,并有出厂合格证及试验报告。

3.2.6　混凝土:符合设计及相关验收规范要求。

3.2.7　外加剂、掺合料,根据施工需要通过试验确定。

3.2.8　主要机具

螺旋钻孔机:有直径400~1000mm多种规格,根据设计桩径选用。常用螺旋钻孔机械的主要技术参数,见表28-1。

常用螺旋钻孔主机的主要技术参数表　　　　　　　　　表28-1

机械名称	电机功率 (kW)	动力头转速 (r/min)	动力头最大扭矩 (kN·m)	最大拔钻力 (kN)	行走速度 (m/min)
ZLB步履式螺旋钻机	2×55	14.5固定	48	400	0~5.2

3.2.9　其他机具:振捣器、混凝土运输车、三级配电箱、小型挖掘机、钢筋系列加工设备、吊车等。

4　操作工艺

4.1　工艺流程

测量放线 → 埋设护筒 → 钻机就位 → 钻孔 → 孔底清理 →

测量孔深、垂直度 → 盖好孔口盖板移桩机至下一桩位 → 安放钢筋笼 →

安放混凝土导管或串桶 → 浇筑混凝土(随浇随振)

4.2　测量放线

4.2.1　根据复测的导线点、水准点成果对桩基础进行中桩和高程放样,并做标示桩。

4.2.2　根据放样的位置填筑或搭设螺旋钻施工平台。

4.3　护筒埋设

4.3.1　可采用挖坑埋设护筒，使护筒平面位置中心与桩设计中心一致，护筒顶宜高出原地面 30～50cm。

4.3.2　护筒埋设深度，在黏性土中不宜小于 1m，在砂土中不宜小于 1.5m，在人工填土地基应根据具体情况确定。

4.4　钻机就位

4.4.1　钻机就位时，必须保持垂直、平稳，不发生倾斜、移位。钻头中心对准桩位中心，开钻应缓慢，钻进过程中，不宜反钻或提升钻杆。

4.4.2　为准确控制钻孔深度，应在桩架上或桩管上作出控制的标尺，以便在施工中进行观测、记录及控制钻杆深度。

4.5　钻孔

4.5.1　调直机夹挺杆，对好桩位（用对位圈），合理选择和调整钻进参数，以电流表控制进尺速度，开动机器钻进、出土。

4.5.2　钻孔直径、垂直度，应每钻进 3～5m 检查一次，发现问题及时纠正。

4.5.3　达到设计深度后使钻具在孔内空转数圈，清除虚土，然后停钻、提钻，会同相关部门检查验收后，方可移动钻机。

4.6　孔底清理

钻到设计标高（深度）后，必须进行空转清土，然后停止转动，提钻杆，不得回转钻杆。

4.7　测量孔深、垂直度

4.7.1　用测绳（锤）或手提灯测量孔深、垂直度及虚土厚度。虚土厚度等于测量深度与钻孔深的差值，虚土厚度一般不应超过 100mm。

4.7.2　孔底的虚土厚度超过质量标准时，要分析原因，采取处理措施。进钻过程中散落在地面上的土，必须随时清除运走。

4.8　盖好孔口盖板，移桩机至下一桩位

4.8.1　经过成孔质量检查后，应按表逐项填好桩孔施工记录，然后盖好孔口盖板。

4.8.2　然后移走钻孔机到下一桩位，禁止在盖板上行车走人。

4.9　安放钢筋笼

4.9.1　吊放钢筋笼前应再次复查孔深、孔径、孔壁、垂直度及孔底虚土厚度。符合要求后再进行下步施工，否则应采取处理措施，直至符合要求。

4.9.2　钢筋笼制作应有限位措施，吊放钢筋笼时，要对准孔位，吊直扶稳，缓慢下沉，避免碰撞孔壁。钢筋笼放到设计位置时，应立即固定。遇有两段钢筋笼连接时，宜采用机械连接，以确保钢筋的位置正确，保护层厚度符合要求。

4.9.3　钢筋笼在堆放、运输、起吊、入孔等过程中，应严格按操作规定执行。必须加强对操作工人的技术交底，严格执行加固的质量措施，防止钢筋笼变形。

4.10　安放混凝土导管或串桶

4.10.1　浇筑混凝土必须使用导管或串桶。导管内径 20～300mm，每节长度为 2～2.5m，最下一端一节导管长度应为 4～6m，检查合格后方可使用。

4.10.2　导管或串桶距孔底不大于 2m。

4.11　浇筑混凝土

4.11.1　浇筑混凝土，当孔深在 3m 以内时，清槽进行浇筑；当孔深超过 3m 时，应安放串筒进行浇筑。串筒离孔底的距离不得大于 2m，应边浇灌混凝土边分层振捣密实，分层高度按捣固的工具而定，一般不大于 1.5m。

4.11.2　浇灌桩顶以下 5m 范围内的混凝土时，每次浇筑高度不得大于 1.5m，应连续灌注。

4.11.3　灌注混凝土至桩顶时，应适当超过桩顶设计桩顶标高 500mm 以上，以保证在凿除浮浆后，桩标高能符合设计要求。

5　质量标准

5.0.1　主控项目

螺旋钻孔灌注桩主控项目质量检验标准见表 28-2。

螺旋钻孔灌注桩主控项目质量检验标准　　　　　　　　　表 28-2

检查项目	允许偏差或允许值		检查方法
	单位	数值	
承载力	不小于设计值		静载试验
孔深及孔底岩性	不小于设计值		测钻杆长度或用测绳测孔深，检查孔底土岩性报告
桩身完整性	—		钻芯法，低应变或声波透射法
混凝土强度	符合设计要求		28d 试块强度或钻芯法
桩径	≥0		井径仪或超声波检测，或钢尺量

5.0.2　一般项目

螺旋钻孔灌注桩一般项目的质量检验标准应符合表 28-3。

螺旋钻孔灌注桩一般项目的质量检验标准　　　　表 28-3

检查项目		允许偏差或允许值		检查方法
		单位	数值	
桩位		mm	$\leqslant 70+0.01H$	全站仪或钢尺量，基坑开挖前量护筒，开挖后量桩中心
垂直度			$\leqslant 1\%$	经纬仪测量或线坠测量
混凝土坍落度		mm	$90\sim 150$	坍落度仪
桩顶标高		mm	$+30\sim -50$	水准测量
钢筋笼质量	主筋间距	mm	± 10	用钢尺量
	长度	mm	± 100	用钢尺量
	钢筋材质检验	设计要求		抽样送检
	箍筋间距	mm	± 20	用钢尺量
	笼直径	mm	± 10	用钢尺量

6 成品保护

6.0.1 桩头混凝土强度未达到设计强度的 70％时不得碾压，以防桩头破坏。

6.0.2 灌注桩施工完毕进行基础开挖时，应制定合理的施工顺序和技术措施，防止桩的位移和倾斜，并应检查每根桩的纵横水平偏差。

6.0.3 钢筋笼制作、运输和安装过程中，应采取措施防止变形。

6.0.4 钢筋笼在吊放入孔时，不得碰撞孔壁。灌注混凝土时应采取措施固定其位置。

7 注意事项

7.1 应注意的质量问题

7.1.1 孔径控制：开始钻孔或穿过软硬互层交界时，应缓慢进尺，保证钻具垂直，钻进遇有石块较多的土层时，必须防止钻杆晃动引起孔径扩大，致使孔壁附着扰动土和孔底增加回落土。钻进不稳定地层时应采用低转速钻进，提钻前上下活动钻具，挤实孔壁。

7.1.2 孔底虚土过多：钻孔完毕应及时盖好孔口，并防止在盖板上过车和行走。操作中应及时清理虚土。

7.1.3 桩身混凝土质量差，有缩颈、空洞、夹土等，要严格按操作工艺边灌混凝土边振捣的规定执行。严禁把土及杂物和混凝土一起灌入孔中。

7.1.4 当出现钻杆跳动、机架摇晃、钻不进尺等异常情况时，应立即停车检查。

7.1.5 混凝土灌倒桩顶时，应随时测量顶部标高，以免过多截桩。

7.1.6 冬季当温度低于0℃浇灌混凝土时，应采取加热保温措施。浇灌时，混凝土的温度按冬施方案规定执行。在桩顶未达到设计强度50%以前不得受冻。当气温高于30℃时，应根据具体情况对混凝土采取缓凝措施。

7.1.7 雨季严格坚持随钻随打混凝土的规定，以防遇雨成孔后灌水造成塌孔。雨天不能进行钻孔施工。现场必须采取有效的排水措施。

7.2 应注意的安全问题

7.2.1 加强机械维护、检修、保养，机电设备专人操作，并应遵守操作规程。

7.2.2 严格加强临时用电管理，施工现场的一切电源、电路的安装和拆除，必须由持证电工操作，电器必须严格接地、接零和漏电保护。

7.2.3 施工现场悬挂安全标牌，设置安全标志，在主要施工部位、作业地点等处悬挂安全标语和安全警示牌，不准擅自拆除。

7.2.4 进入现场工人作业必须戴安全帽，严禁酒后操作机械和上岗工作。

7.2.5 灌注桩井口设安全盖，防止掉物和塌孔。

7.3 应注意的绿色施工问题

7.3.1 对废油、废水、废渣，按指定地点存放，避免污染空气和水源，并不得直接排放污染环境。

7.3.2 施工现场应在醒目位置设置环境保护标识。

7.3.3 严禁在施工现场焚烧塑料包装、油毡、橡胶、塑料、皮革包装以及其他产生有毒有害气体的物质。

7.3.4 在运输砂石、水泥和其他易飞扬的细颗粒散体材料时，用篷布覆盖严密、并装量适中，不得超限运输，并经常洒水，以减少扬尘。

7.3.5 在搅拌站设置沉淀池，废水经沉淀处理，达标后排放。

7.3.6 驶出施工现场的车辆应进行清洗，避免携带泥土。

7.3.7 夜间施工应办理手续，并应采取相应措施减少声、光的不利影响。

8 质量记录

8.0.1 原材料合格证明，检验试验报告。

8.0.2 钢筋接头力学性能试验报告。

8.0.3 钢筋隐蔽工程检查验收记录。

8.0.4 商品混凝土出厂合格证。

8.0.5　螺旋成孔灌注桩施工记录。

8.0.6　混凝土抗压强度试验报告。

8.0.7　桩体质量检查记录。

8.0.8　测量放线复核验收记录，桩位施工平面图。

8.0.9　其他技术文件。

第29章 沉管灌注桩

本工艺标准适用于工业与民用建筑采用沉管灌注桩的工程。

1 引用文件

《建筑桩基技术规范》JGJ 94—2008；
《建筑工程施工质量验收统一标准》GB 50300—2013；
《建筑地基工程施工质量验收标准》GB 50202—2018；
《建筑地基基础工程施工规范》GB 51004—2015。

2 术语

沉管灌注桩：指利用振动打桩法，将带有活瓣式桩尖或预制钢筋混凝土桩靴的钢套管沉入土中，然后边浇筑混凝土（或先在管内放入钢筋笼），边锤击或振动边拔管而成的桩，称为振动沉管灌注桩。

3 施工准备

3.1 作业条件

3.1.1 根据现场的地质资料及设计施工图纸，编制切实可行的施工组织设计。

3.1.2 施工场地范围内的地上、地下障碍物均已排除或处理。场地已完成三通一平工作，对影响施工机械运行的松软场地已进行适当处理（如铺设硬骨料），并有排水措施。

3.1.3 施工用水、用电、道路及临时设施均已就绪。

3.1.4 现场已设置测量基准线，水准基点，并妥加保护，施工前已按施工图纸放出轴线、定位点，并已复核桩位。

3.1.5 在复杂土层施工时，应事先进行成孔试验，数量一般不小于2～3个。

3.1.6 施工前对施工人员进行安全和技术培训，并进行技术安全交底。

3.2 材料及机具

3.2.1 水泥：用32.5级普通硅酸盐水泥或矿渣硅酸盐水泥。

208

3.2.2 砂：中砂或粗砂，含泥量不大于 5%。

3.2.3 石子：卵石粒径不大于 50mm；碎石粒径不大于 40mm；配筋桩石子粒径均不宜大于 30mm，并不宜大于钢筋最小净距的 1/3。

3.2.4 水：用自来水或不含有害物质的洁净水。

3.2.5 钢筋：品种和规格按设计要求采用，有出厂合格证及复检报告。

3.2.6 振动沉桩设备

振动沉桩设备有 DZ60 或 DZ90 型振动锤、ZJB25 型步履式桩架、卷扬机、加压装置、桩管、桩尖等、桩管直径为 220～370mm、长 10～28m。

3.2.7 配套机具设备

配套机具设备有下料斗、强制式混凝土搅拌机、钢筋加工机械、交流电焊机、氧割装置、50 型装载机等。

4 操作工艺

4.1 工艺流程

桩位放线 → 桩机就位 → 将桩尖压入土中 → 沉管 → 安放钢筋笼 →

灌注混凝土 → 拔管 → 成桩、移位

4.2 桩位放线

根据基础轴线控制桩，定出各桩孔中心点，可用 $\phi20$mm 钢钎插入土中 200mm，拔出后灌入石灰定点。

4.3 桩机就位

打沉桩机就位时，应垂直、平稳架设在打（沉）桩部位。桩锤（振动箱）对准工程桩位的同时，在桩架或套管上标出控制深度的标记，以便在施工中进行套管深度观测。

4.4 将桩尖压入土中

4.4.1 采用活瓣式桩尖时，应先将桩尖活瓣用麻绳或铁丝捆紧合拢，活瓣间隙应紧密。当桩尖对准桩基中心，并核查桩管垂直度后，利用桩管自重将桩尖压入土中。

4.4.2 采用预制混凝土桩尖时，应先在桩基中心预埋好桩尖，在套管下端与桩尖接触处垫好缓冲材料。桩机就位后，吊起套管，对准桩尖，使套管、桩尖、桩锤在一条垂直线上，利用锤重及套管自重将桩尖压入土中。

4.5 沉管

4.5.1 成桩施工顺序一般从中间开始，向两侧边或四周进行，对于群桩基础或桩的中心距 ≤3.5d（d 为桩径）时，应间隔施打，中间空出的桩，须待邻桩混凝土达到设计强度的 50% 后，方可施打。

4.5.2　开始沉管时应慢振，当水或泥浆有可能进入桩管时，应事先在管内灌入 1.5m 左右的封底混凝土。

4.5.3　应按设计要求和试桩情况，严格控制沉管最后贯入度，振动沉管应测量最后两个 2min 贯入度。

4.5.4　在沉管过程中，如出现套管快速下沉或套管沉不下去的情况，应及时分析原因，进行处理。如快速下沉是因桩尖穿过硬土层进入软土层引起的，则应继续沉管作业。如沉不下去是因桩尖顶住孤石或遇到硬土层引起的，则应放慢沉管速度，待越过障碍后再正常沉管。如仍沉不下去或沉管过深，最后贯入度不能满足设计要求，则应核对地质资料，会同建设单位研究处理。

4.6　安放钢筋笼

4.6.1　沉管沉到设计深度，对于通长的钢筋笼，检查成孔质量合格后，开始安放钢筋笼。对短钢筋笼可在混凝土灌至设计标高时再埋设。

4.6.2　埋设钢筋笼时要对准管孔，垂直缓慢下降。在混凝土桩顶采取构造连接插筋时，必须沿周围对称均匀垂直插入。

4.7　灌注混凝土

4.7.1　向套管内灌注混凝土时，如用长套管成孔短桩，则一次灌足；如成孔长桩，则第一次应尽量灌满，混凝土坍落度宜为 80～100mm。

4.7.2　灌注时充盈系数（实际灌注混凝土量与理论计算量之比）应不小于 1。一般土质为 1.1；软土为 1.2～1.3。在施工中可根据不同土质的充盈系数，计算出单桩混凝土需用量，折后成料斗浇灌次数，以核对混凝土实际灌注量。

4.7.3　桩顶混凝土一般宜高于设计标高 500mm 左右，待以后施工承台时再凿除。如设计有规定，应按设计要求施工。

4.8　拔管

4.8.1　每次拔管高度应以能容纳吊斗一次所灌注混凝土为限，并边拔边灌。在任何情况下，套管内应保持不少于 2m 高度的混凝土，并按沉管方法不同分别采取不同的方法拔管。在拔管过程中，应有专人用测锤或浮标检查管内混凝土下降情况，一次不应拔得过高。

4.8.2　振动沉管拔管方法可根据地基土具体情况，分别选用单打法或反插法进行。单打法：适用于含水量较小土层。系在套管内灌入混凝土后，再振再拔，如此反复，直至套管全部拔出，在一般土层中拔管速度宜为 1.2～1.5m/min，在软弱土层中不宜大于 0.8～1.0m/min。反插法：适用于饱和土层。当套管内灌入混凝土后，先振动再开始拔管，每次拔管高度为 0.5～1m，反插深度 0.3～0.5m，同时不宜大于活瓣桩尖长度的 2/3。拔管过程应分段添加混凝土，保持管内混凝土面始终不低于地表面，或高于地下水位 1～1.5m 以上。拔管速度控制在 0.5m/min 以内。在桩尖接近持力层处约 1.5m 范围内，宜多次反插，以扩大桩底端部面积。当穿对淤泥夹层时，适当放慢拔管速度，减少拔管和反插深度。反插法易使泥浆混入桩内造成夹泥桩，施工中应慎重采用。

4.8.3 套管成孔灌注桩施工时，就随时观测桩顶和地面有无水平位移及隆起，必要时应采取措施进行处理。

4.8.4 桩身混凝土浇筑后有必要复打时，必须在原桩混凝土未初凝前在原桩位上重新安装桩尖，第二次沉管。沉管后每次灌注混凝土应达到自然地面高，不得少灌。拔管过程中应及时清除桩管外壁和地面上的污泥。前后两次沉管的轴线必须重合。

4.9　成桩、移位

沉管混凝土按要求灌筑、拔管至设计标高以上 20cm 后，即成桩，将桩机移至下一桩位进行施工。

5　质量标准

5.0.1　主控项目

沉管灌注桩主控项目的质量检验标准应符合表 29-1 要求。

沉管灌注桩主控项目的质量检验标准　　　　表 29-1

检查项目	允许偏差或允许值		检查方法
	单位	数值	
承载力	符合设计要求		静载试验
混凝土强度	符合设计要求		28d 试块强度或钻芯法
桩身完整性	—		低应变法
桩长	不小于设计值		施工中量钻杆或套管长度，施工后钻芯法或低应变法

5.0.2　一般项目

沉管灌注桩一般项目的质量检验标准应符合表 29-2。

沉管灌注桩一般项目的质量检验标准　　　　表 29-2

检查项目		允许偏差或允许值		检查方法
		单位	数值	
桩位	$D<500mm$	mm	$\leqslant 70+0.01H$	全站仪或钢尺量
	$D\geqslant 500mm$	mm	$\leqslant 100+0.01H$	
桩径		mm	$\geqslant 0$	钢尺量
混凝土坍落度		mm	$80\sim 100$	坍落度仪

续表

检查项目	允许偏差或允许值		检查方法
	单位	数值	
垂直度		≤1%	经纬仪测量
拔管速度	m/min	视土层情况而定，一般土层 1.2~1.5	用钢尺量及秒表
桩顶标高	mm	+30~-50	水准测量
钢筋笼顶标高	mm	±100	水准测量

6　成品保护

6.0.1　对于中心距≤3.5d（d 为桩径）的群桩基础，采用沉管法成孔时，应采用间隔施工，以避免影响已灌注混凝土的相邻桩质量。

6.0.2　承台施工时，在凿除高出设计标高的桩顶混凝土时，必须自上而下凿，不能横凿，以免桩受水平力冲击遭到破坏。

6.0.3　施工完毕进行基础开挖时，应制定合理的开挖方案和技术措施，防止桩的位移和倾斜。

6.0.4　桩头外留的钢筋应妥善保护，不得任意弯折或压断。

6.0.5　冬期施工在桩顶混凝土未达到设计强度前，应进行保温护盖，防止受冻。

7　注意事项

7.1　应注意的质量问题

7.1.1　冬期施工，当气温低于 0℃时，桩灌注混凝土要采取保温措施，拌和水要加热，混凝土入模温度不应低于 50℃。桩顶要保盖保温，防止受冻。

7.1.2　雨期施工，当砂、石含水量增大时，应按现场实测数据随时调整混凝土配合比。同时要注意测定地下水位的变化，决定是否进行封底防水。特别要注意与回填层接触的软弱土层，在地表水的浸泡下，会变成软塑状态，在此段应进行反插，防止发生缩颈。

7.1.3　夏季施工当气温高于 30℃时，混凝土应掺加缓凝剂。

7.1.4　在软土层孔段采取反插；在拔管时一定要使管内混凝土面始终高于自然地面 0.2m 以上；反插时要添加混凝土，混凝土坍落度要严格控制在 80~100mm。

7.1.5　施工中如出现悬桩，主要是地下水渗入桩管，使桩底出现一松软层。

一般预防措施是：在有水位地层施工，尽量不使用活瓣桩尖，应使用预制桩尖；增加桩管内封底混凝土量。

7.2　应注意的安全问题

7.2.1　施工安全应符合现行行业标准《建筑施工安全检查标准》JGJ 59 的有关规定。

7.2.2　机电设备由专人操作并应遵守操作规程。

7.2.3　施工机械应经常检查其磨损程度，并应按规定及时更新。

7.2.4　焊、割作业点，氧气瓶、乙炔瓶、易燃易爆物品的距离和防火要求应符合有关规定。

7.2.5　桩机操作人员应了解桩机性能、构造，并熟悉操作保养方法，方能操作。

7.2.6　在桩架上装拆维修机件进行高空作业时，必须系安全带。

7.2.7　桩机行走时，应先清理地面上的障碍物和挪动电缆，挪动电缆应戴绝缘手套，注意防止电缆磨损漏电。

7.2.8　混凝土搅拌和钢筋笼制作人员作好全面安全防护。

7.2.9　振动沉管时，若用收紧钢丝绳加压，应根据桩管沉入度，随时调整离合器，防止抬起桩架，发生事故。

7.2.10　施工过程中如遇大风，应将桩管插入地下嵌固，以确保桩机安全。

7.2.11　高空作业，所有施工人员均戴安全帽，并进行安全教育。

7.3　应注意的绿色施工问题

7.3.1　施工前应制定保护建筑物、地下管线安全的技术措施，并应标出施工区域内外的建筑物、地下管线的分布示意图。

7.3.2　临时设施应建在安全场所，临时设施及辅助施工场所应采用环境保护措施，减少土地占压和生态环境破坏。

7.3.3　砂石料进场、垃圾出场，应覆盖运输车。道路要经常维护和洒水，防止造成粉尘污染。

7.3.4　混凝土搅拌污水排放应设置沉淀池，清污分流。

7.3.5　施工现场应设合格的卫生环保设施，施工垃圾集中分类堆放，严禁垃圾随意堆放和抛撒。

7.3.6　施工现场使用和维修机械时，应有防滴漏措施，严禁将机油等滴漏于地表，造成土地污染。

7.3.7　应注意施工现场的噪声控制，工作时间一般安排在白天进行，避免扰民。

8　质量记录

8.0.1　水泥出厂合格证及复检报告；

8.0.2　钢筋出厂合格证以及原材、焊件检验报告；

8.0.3　石子、砂的检验报告，焊件合格证；

8.0.4　试桩的试压记录；

8.0.5　沉管灌注桩施工记录；

8.0.6　混凝土试配中清单和试验室签发的配合比通知单；

8.0.7　混凝土试块 28d 标养抗压强度试验报告；

8.0.8　桩位平面布置图；

8.0.9　各工序取样见证记录；

8.0.10　沉管灌注桩工程检验批质量验收记录；

8.0.11　沉管灌注桩分项工程质量验收记录；

8.0.12　其他技术文件。

第30章 预应力管桩（锤击）

本标准规定了预应力管桩打桩的施工要求、方法和质量标准等，适用于工业与民用建筑、铁路、公路与桥梁、港口、水利、市政、构筑物等工程的陆上施工的桩基础。

1 引用文件

《建筑桩基技术规范》JGJ 94—2008；

《建筑地基工程施工质量验收标准》GB 50202—2018；

《建筑地基基础设计规范》GB 50007—2002；

《建筑工程施工质量验收统一标准》GB 50300—2013；

《建筑地基基础工程施工规范》GB 51004—2015。

2 术语

2.0.1 管桩

本标准所称的管桩是指采用离心成型的先张法预应力混凝土的环形截面桩。

2.0.2 管桩基础

由打入土（岩）层中的管桩和连接于桩顶的承台共同组成的建（构）筑物基础。

2.0.3 收锤标准

将桩端打至预定深度附近时终止锤击的控制条件。

2.0.4 预应力管桩代号

PHC——预应力高强混凝土管桩。

PC——预应力混凝土管桩。

PTC——预应力混凝土薄壁管桩。

3 施工准备

3.1 作业条件

3.1.1 应编制预应力管桩打桩施工方案并报审。

3.1.2 进行施工技术交底（包括技术、质量、安全环境各方面）。

3.2 材料及机具

3.2.1 材料要求：

1 管桩的制作、吊装、运输及验收应符合产品标准《先张法预应力混凝土管桩》GB 13476、《先张法预应力混凝土薄壁管桩》JC 888 的规定。

2 管桩的混凝土必须达到设计强度及龄期（常温养护为 28d，蒸压养护为 1d）。

注：采用常温养护生产的如有其他有效措施且有试验数据表明混凝土抗压强度及抗拉强度能达到与标准养护 28d 龄期之强度时可不受龄期的限制，但采用本标准的锤击法沉桩时管桩的混凝土龄期仍不得小于 14d。

3 管桩出厂时，应有出厂合格证。

4 焊条（接桩用）：型号、性能必须符合设计要求和有关标准规定。

5 钢板（接桩用）材质、规格符合设计要求，采用低碳钢。

3.2.2 施工机具

1 主要施工机具可按常用施工设备表配置（表 30-1）。

常用施工机具表 表 30-1

序号	机具名称	规格/型号	用途	备注
1	履带式打桩机	根据需要选择	打桩	根据施工需要配备
2	筒式柴油锤	根据需要及附表选择	打桩	附特制透气桩帽
3	起重机	根据需要选择	喂桩	扒杆长度根据桩长确定
4	电焊机		接桩	每台桩机配备 2～3 台
5	路基箱	2m×6m	桩机站位	
6	送桩器	5～8m	送桩	一套备用

2 主要监视测量装置可按常用测量仪器表配置（表 30-2）。

常用测量仪器表 表 30-2

序号	机具名称	规格型号	数量	说明
1	经纬仪或全站仪	J_2 级以上	1	测量放样
2	经纬仪	J_6 级	2	垂直度控制，附脚架
3	水准仪	DS_3 型	1	标高控制，附脚架
4	钢卷尺	50m	1	测量放线，须标定比对
5	钢卷尺	5m	1	测桩位偏差

3.3　作业条件准备

3.3.1　根据勘察报告、图纸资料等编制锤击管桩的施工方案，并进行详细的技术交底。

3.3.2　施工现场具备三通一平。

3.3.3　施工人员到位，机械设备进场完毕。

3.3.4　测量基准已交底，复测、验收完毕。

3.3.5　管桩、焊条等材料已进场并验收合格。

3.4　测量准备

3.4.1　熟悉施工坐标系统及标高系统，必要时进行正确换算；

3.4.2　编制现场测控方案，与业主/监理进行测量控制点交接，建立本工程测量控制网，以便准确、方便地测放桩位及控制桩顶标高；

3.4.3　建立本工程测量控制网时应在距最外排桩20m以外设置半永久性控制点，用来在沉桩过程中对控制网进行校正；

3.4.4　准备石灰、小木桩及铁钉等放线需用物。

4　操作工艺

4.1　施工工艺流程

第 n 节桩起吊，对桩调直

测量定位 → 桩机就位 → 第一节桩就位调直 → 打桩 → 接桩

移至下一位 ← 送桩 ← 中间检查验收 ← 打桩至设计要求

4.2　测量定位

在打桩施工区域附近设置控制桩与水准点，不少于2个，其位置以不受打桩影响为原则（距离操作地点40m以外），轴线控制桩应设置在距最外桩5～10m处，以控制桩基轴线和标高。

4.3　桩机就位

按照打桩顺序将桩机移至桩位上面并对准桩位。

4.4　第一节桩就位调直

喂桩时，利用辅助吊机将桩送至打桩机桩架下面，桩机吊桩并送进桩帽内。

4.5　打桩

4.5.1　锤重的选择可根据设计要求和工程地质勘察报告或根据试桩资料选择合适的锤型；在没有规定和资料的情况下，可根据附录D选择。

217

4.5.2 管桩打入时应符合下列规定：

1 桩帽或送桩器与管桩周围的间隙应为 5～10mm；桩锤与桩帽、桩帽与桩顶之间加设弹性衬垫，衬垫厚度应均匀，且经锤击压实后的厚度不宜小于 120mm，在打桩期间经常检查，及时更换和补充。

2 第一节管桩插入地面时的垂直度偏差不得超过 0.5%；桩锤、桩帽或送桩器应与桩身在同一中心线上。

3 打桩过程中应经常观测桩身的垂直度（采用经纬仪在两垂直方向进行校测），若桩身垂直度偏差超过 1%时，应找出原因并设法纠正；当桩尖进入较硬土层后，严禁用移动桩架等强行回抜的方法纠偏。

4 桩帽和送桩器应与管桩匹配做成圆筒形，并应有足够的强度、刚度和耐打性；桩帽和送桩器下端面应开孔，孔径不宜小于管桩内径的 1/5～1/3，应使管桩内腔与外界接通。

5 每一根桩应一次性连续打到底，接桩、送桩应连续进行，尽量减少中间停歇时间。

6 打桩顺序按下列规定执行：

1）打桩顺序一般情况应根据施工现场的特点及桩基础平面布置而定。对于密集桩，自中间向两个方向或向四周对称施工。当一侧毗邻建（构）物、地下管线等时，宜从毗邻建（构）物、地下管线等的一侧由近到远施工。

2）根据桩长和桩顶标高，宜先长后短，先深后浅施工。

3）根据管桩的规格，宜先大后小施工。

4）根据建筑物设计的主次，先主后辅施工。

5）打桩过程中，出现贯入度反常、桩身倾斜、位移、桩身或桩顶破损等异常情况时，应立即停止沉桩，待查明原因并进行必要的处理后，方可继续施工。

6）在桩身上标出以米为单位的长度标记，及时记录入土深度和每米锤击数。

7 终锤标准：

1）桩端位于一般土层以控制设计桩长和标高为主，贯入度作参考。

2）桩端达到坚硬、硬塑的黏性土、中密以上粉土、砂土、极软岩～软岩时，以贯入度为主，控制桩长和标高为辅。

3）贯入度达到标准而设计标高未达到时，应连续锤击 3 阵，按每阵 10 击得贯入度小于设计规定的数值加以确定，必要时通过试验与有关单位会审商定。

8 桩端持力层为极软岩～软岩时宜采用封闭型桩尖，桩尖焊接时要连续饱满不渗水，在打入一节桩后宜用 C20 细石混凝土灌注 1.5～2.0m 作为封底；如地下水对混凝土有腐蚀性宜采用封闭型桩尖。

在开始打桩时利用两台经纬仪成 90°将桩架、桩校直成一线，开始施打时要不间断地校正，直到桩稳定为止，然后施打并进行记录。

4.6 接桩

4.6.1 待桩顶距地面 0.5～1m 时接桩，接桩宜采用端板焊接连接或机械快速接头连接，接头连接强度应不小于管桩桩身强度。

4.6.2 管桩用作受拉（抗拔）桩时，宜优先采用机械快速接头连接。

4.6.3 接桩时，其入土部分管桩的接头宜高出地面 0.5～1m；下节桩的桩头处宜设导向箍，以便于上节桩就位，接桩时上下节桩段应保持对直，错位偏差不宜大于 2mm。

4.6.4 采用焊接连接时，焊接前应先确认管桩接头是否合格，上下端板表面应用铁刷子等清理干净，坡口处应刷至露出金属光泽，并清除油垢和铁锈。

4.6.5 焊接时宜先在坡口圆周上对称点焊 4 点～6 点，待上下节桩固定后拆除导向箍再分层施焊，施焊宜对称进行。

4.6.6 焊接层数宜为三层，不得少于二层，内层焊渣必须清理后再施焊外一层。

4.6.7 焊接接头应在自然冷却后才可继续沉桩，冷却时间不宜少于 8min，严禁用水冷却或焊好后立即沉桩。

5 质量标准

5.0.1 施工前应检查进入现场的成品桩，接桩用电焊条等产品质量。

5.0.2 施工过程中应检查桩的贯入情况、桩顶完整状况、电焊接桩质量、桩体垂直度、电焊后的停歇时间。重要工程应对电焊接头做 10% 的焊缝探头检查。

5.0.3 施工结束后，应做承载力检验及桩体质量检验。

5.0.4 管桩的质量检验标准见表 30-3。

管桩质量检验标准　　　　　　　　　　　　　　表 30-3

项目	序号	检查项目	允许偏差或允许值		检查方法
			单位	数值	
主控项目	1	桩体质量检验	按《建筑基桩检测技术规范》JGJ 106 的规定值		按《建筑基桩检测技术规范》JGJ 106 的规定
	2	桩位偏差	见方桩要求		用钢尺量
	3	承载力	按《建筑基桩检测技术规范》JGJ 106 的规定值		按《建筑基桩检测技术规范》JGJ 106 的规定

续表

项目	序号	检查项目		允许偏差或允许值		检查方法
				单位	数值	
一般项目	1	成品桩质量	外观	无蜂窝、露筋、颜色均匀密实、裂缝、桩顶处无孔隙		直观
	2		桩径	mm	±5	用钢尺量
			管壁厚度	mm	±5	用钢尺量
				mm	<2	用钢尺量
			桩尖中心线	mm	10	用钢尺量
	3		接桩：焊接质量	见钢桩要求		见钢桩要求
			电焊结束后停歇时间	min	>1.0	秒表测定
			上下节平面偏差	mm	<10	用钢尺量
			节点弯曲矢高		<L/1000	用钢尺量，L 为桩长
	4		停压标准	设计要求		现场实测或检查压桩记录
	5		桩顶标高	mm	±50	水准仪

5.0.5 管桩的桩位允许偏差见 30-4。

表 30-4

桩位的允许偏差

项	项目	允许偏差（mm）
1	盖有基础梁的桩：(1)垂直基础梁的中心线；(2)沿基础梁的中心线	100＋0.01H 150＋0.01H
2	桩数为 1~3 根桩基中的桩	100
3	桩数为 4~6 根桩基中的桩	1/2 桩径或边长
4	桩数大于 6 根桩基中的桩：(1)最外边的桩；(2)中间桩	1/3 桩径或边长 1/2 桩径或边长

注：H—施工现场地面标高与桩顶设计标高的距离

5.0.6 电焊接桩焊缝检验标准见 30-5。

表 30-5

电焊接桩焊缝检验标准

项	检查项目	允许偏差或允许值		检查方法
		单位	数值	
1	上下节端部错口 外径≥700mm 外径<700mm	mm mm	≤3 ≤2	用钢尺量
2	焊缝咬边深度	mm	≤0.5	焊缝检查仪
3	焊缝加强层高度	mm	2	焊缝检查仪
4	焊缝加强层宽度	mm	2	焊缝检查仪
5	焊缝电焊质量外观	无气孔，无焊瘤，无裂缝		直观
6	焊缝探伤检验	满足设计要求		设计要求

6 成品保护

6.0.1 对现场测量控制网的保护。

6.0.2 已进场的管桩堆放整齐，注意防止滚落及施工机械碰撞。

6.0.3 送桩后的孔洞应及时回填，以免发生意外伤人事件。

6.0.4 对地下管线及周边建（构）筑物应采取减少振动和挤土影响的措施，并设点观测，必要时采取加固措施；在毗邻边坡打桩时，应随时注意观测打桩对边坡的影响。

7 注意事项

7.1 管桩起吊、运输和现场堆放

7.1.1 管桩在吊运过程中应轻吊轻放，严禁碰撞、滚落。

7.1.2 吊点位置按图 30-1 布置。

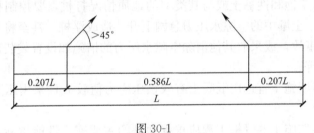

图 30-1

如桩长<15m，符合直接钩吊，如桩长>20m，采用多点起吊，必须进行验算。

7.1.3 施工时管桩的吊立吊点位置如图 30-2 所示。

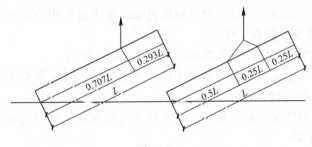

图 30-2

7.1.4 管桩的堆放应保证场地的平整，堆放时应设垫枕；垫枕应平直稳固和有一定的宽度，垫枕中心位置离桩两端 0.207L 处，设置防滑、防滚措施。

7.1.5　管桩应按规格、类型分别堆放，堆放层数不宜超过以下规定：

$\phi 400mm$　　$\leqslant 5$ 层

$\phi 400 \sim \phi 450mm$　$\leqslant 4$ 层

$\phi 500 \sim \phi 600mm$　$\leqslant 3$ 层

$\phi 700 \sim \phi 800mm$　$\leqslant 2$ 层

7.2　应注意的质量问题

7.2.1　截桩

如需截桩，应采取有效措施以确保截桩后管桩的质量。截桩宜采用锯桩器，严禁采用大锤横向敲击截桩或强行扳拉截桩。

7.2.2　管桩工程的基坑开挖应符合下列规定：

1　严禁边打边开挖基坑；

2　饱和性黏土、粉土地区的基坑开挖宜在打桩全部完成 15d 后进行；

3　挖土宜分层均匀进行，且桩周土体高差不宜大于 1m。

7.2.3　对于饱和性黏土或与其类似的地质情况打桩，要控制打桩速率，以防止打桩过快，土壤中的空隙水压力急剧上升，造成浮桩，甚至将桩身拉断、桩的偏位等质量事故，或采取其他消除空隙水压力的措施如设置袋装砂井、塑料排水板和预钻孔等。

7.2.4　冬期施工宜选用混凝土有效预压应力值较大且采用压蒸养护工艺生产的 PHC 桩。

7.2.5　冬期施工的管桩工程应根据地基的主要冻土性能指标，按《建筑工程冬期施工规程》JGJ/T 104 的有关规定采取相应措施。

7.3　应注意的安全问题

7.3.1　施工安全应符合现行行业标准《建筑施工安全检查标准》JGJ 59 的有关规定。

7.3.2　操作人员应经过安全教育后进场。施工过程中应定期召开安全工作会议及开展现场安全检查工作。

7.3.3　机电设备应由专人操作，并应遵守操作规程。

7.3.4　所有施工人员必须持证上岗，现场施工人员必须戴安全帽，特种作业人员佩戴专用的防护用具。

7.3.5　所有施工人员必须遵守安全技术操作规程，严禁违章作业和违章指挥，严禁酒后上岗。

7.3.6　所有施工设备应根据《建筑机械使用安全技术规程》JGJ 33 经常进行检查，定期保养，确保完好和使用安全。

7.3.7　施工作业区域内严禁非操作人员进入，高空作业要戴安全带，穿防滑鞋，吊机吊桩时要平稳，严禁猛起猛落。

7.4　应注意的绿色施工问题

7.4.1　施工过程中，应采取防尘、降尘措施，控制作业区扬尘。对施工现场的主要道路，宜进行硬化处理或采取其他扬尘控制措施。对可能造成扬尘的露天堆储材料，宜采取扬尘控制措施。

7.4.2　施工过程中，应对材料搬运、施工设备和机具作业等采取可靠的降低噪声措施。施工作业在施工场界的噪声级应符合现行国家标准《建筑施工场界环境噪声排放标准》GB 12523 的有关规定。

7.4.3　施工过程中，应采取光污染控制措施。对可能产生强光的施工作业，应采取防护和遮挡措施。夜间施工时，应采用低角度灯光照明。

7.4.4　对施工过程中产生的污水，应采取沉淀、隔油等措施进行处理，不得直接排放。运送泥浆和废弃物时应用封闭的罐装车。

7.4.5　施工过程中，对施工设备和机具维修、运行、存储时的漏油，应采取有效的隔离措施，不得直接污染土壤。漏油应统一收集并进行无害化处理。

7.4.6　施工过程的环境保护应符合现行行业标准《建设工程施工现场环境与卫生标准》JGJ 146 的有关规定。

7.4.7　施工现场应在醒目位置设环境保护标识。

8　质量记录

8.0.1　工程测量、定位放线记录。

8.0.2　施工组织设计。

8.0.3　图纸会审记录。

8.0.4　技术交底资料。

8.0.5　管桩的进场验收记录。

8.0.6　管桩的接桩隐蔽验收记录。

8.0.7　管桩的沉桩施工记录。

8.0.8　预应力管桩工程检验批质量验收记录。

8.0.9　管桩的出厂合格证。

8.0.10　桩基载荷试验报告和桩身质量检测报告。

8.0.11　管桩的焊接材料合格证和检验报告。

8.0.12　桩基工程竣工图。

8.0.13　其他技术文件见表 30-6。

柴油锤重选择表　　　　　　　　　　　　　　　表 30-6

锤型		柴油锤重（t）						
		20	25	35	45	60	72	80
锤的动力性能	冲击部分重（t）	2.0	2.5	3.5	4.5	6.0	7.2	8.0
	总重（t）	4.5	6.5	7.2	9.6	15.0	18.0	18
	冲击力（kN）	2000	2000~2500	2500~4000	4000~5000	5000~7000	7000~10000	7000~10000
	常用冲程（m）	1.8~2.3						
管桩截面尺寸	管桩口径（cm）	≤35	35~40	40~45	45~50	50~55	55~60	60~100
持力层	粉土黏性土 一般进入深度（m）	1~2	1.5~2.5	2~3	2.5~3.5	3~4	3~5	3~7
	粉土黏性土 静力触探比贯入阻力 P_s 平均值（MPa）	3	4	5	>5	>5	>5	>5
	砂土 一般进入深度（m）	0.5~1	0.5~1.5	1~2	1.5~2.5	2~3	2.5~3.5	2~3.5
	砂土 标准贯入击数 N 值（未修正）	15~25	20~30	30~40	40~45	45~50	50	0.5~1.5
	极软岩 一般进入深度（m）		0.5	0.5~1.0	1~2	1.5~2.5	2~3	2.5~3.5
	软岩 一般进入深度（m）				0.5	0.5~1.0	1~2	1.5~2.5
锤的常用控制贯入度（cm/10击）		2~3			3~5	4~8	4~8	4~8
设计单桩极限承载力（kN）		400~1200	800~1600	2500~4000	3000~5000	5000~7000	7000~10000	7000~10000

注：1. 表中数据仅供选锤用，适用于管桩长 16~60m，且桩尖进入硬土层一定深度，不适用桩尖在软土层的情况。

2. 极软岩和软岩的鉴定可参照《岩土工程勘察规范》GB 50021—2001。

第 31 章　预应力管桩（静力压桩）

本工艺标准适用于普通混凝土预制桩、预应力混凝土管桩静压施工的基础工程。

1　引用标准

《建筑地基基础工程施工规范》GB 51004—2015；

《建筑桩基技术规范》JGJ 94—2008；

《建筑基桩检测技术规范》JGJ 106—2014；

《建筑地基工程施工质量验收标准》GB 50202—2018；

《混凝土结构工程施工质量验收规范》GB 50204—2015。

2　术语（略）

3　施工准备

3.1　作业条件

3.1.1　根据勘察报告、施工图纸等编写施工方案，并进行技术交底。

3.1.2　静压桩施工现场三通一平，处理静压桩地基场地上面障碍物，清理：整平时要有雨水排出沟渠，附近有建筑物的要挖隔震沟，预先充分了解桩场地，清理障碍：桩的高空和地下障碍物。

3.1.3　静压桩场地整平用压路机碾压平整，并在地表铺 10～20cm 厚石子使地基承载力达到 0.2～0.3MPa。

3.1.4　控制点的设置应尽可能远离施工现场，以减少施工土体扰动对基准点的影响。

3.1.5　施工现场的轴线、水准控制点、桩基布点必须经常检查，妥善保护，设控制点和水准点的数量不应少于 2 个。

3.1.6　测量放线使用的全站仪、经纬仪、水准仪、钢盘尺、线坠应计量检查合格，多次使用应为同一计量器具。

3.1.7　桩位布点与验收：按基础纵横交点和设计图的尺寸确定桩位，用小方木桩入并在上面用小圆钉做中心套样桩箍，然后在样箍的外侧撒石灰，以示桩位标记。测量误差±10mm。

3.1.8　按总图设置的水、电、汽管线不应与桩相互影响，特别是供水、汽管线和地下电缆要防止桩土体隆起的破坏作用。

3.2　材料及机具

3.2.1　预应力管桩不得有环缝和纵向裂纹。

3.2.2　桩的混凝土强度必须大于设计强度。

3.2.3　桩的材料（含接桩及其他半成品）进场后，应按规格、品种、牌号堆放，抽样检验，检验结果与合格证相符者方可使用，未经进货检验或未经检验合格的物资不得投入使用。

3.2.4　管桩允许偏差值见表 31-1。

管桩允许偏差值　　　　　表 31-1

序号	项目	允许偏差（mm）	检查方法	备注
1	横截面边长	±5	钢尺量	
2	桩顶对角线之差	≤5	钢尺量	
3	保护层厚度	±5	钢尺量	预制过程检查
4	桩尖中心线	10	钢尺量	
5	桩身弯曲矢高	不大于 1‰的桩长，且不大于 20	钢尺量	
6	桩顶平面对桩中心线的倾斜	≤3	钢尺量	
7	锚筋预留孔深	0～+20	钢尺量	
8	浆锚预留孔位置	5	钢尺量	
9	浆锚预留孔径	±5	钢尺量	
10	锚筋预留孔的垂直度	≤1%	钢尺量	

3.2.5　预应力混凝土管桩的允许偏差值见表 31-2。

预应力混凝土管桩的允许偏差值　　　　　表 31-2

序号	项目	允许偏差（mm）	检查方法
1	直径	±5	钢尺量
2	管壁厚度	−5	钢尺量
3	桩尖中心线	10	钢尺量
4	抽芯圆孔平面位置对称中心线	5	钢尺量
5	上下或下节桩的法兰对中心线的倾斜	2	钢尺量
6	中节桩二个的法兰对中心线的倾斜之和	3	钢尺量

3.2.6 机具：

1 机械设备：

WJY 型、ZYJ 型或 YZY 型（1200～2000KN）全液压静力压桩机、轮胎式起重机、运输载重汽车、电焊机、送桩器、压力表，见表31-3。

ZYJ 系列液压静力压桩机主要技术参数　　　　　　　　　表 31-3

参数	型号	ZYJ120	ZYJ180	ZYJ240	ZYJ380	ZYJ420	ZYJ680
额定压桩力（t_f）		120	180	240	380	420	600
压桩速度（m/min）	高速	2.2	2.7	2.76	2.3	2.8	1.8
	1.2	1.1	0.9	0.8	0.95	0.75	0.6
一次压桩行程（m）		1.5	1.5	2.0	2.0	2.0	2.0
压桩能力	方桩（mm）	300	400	500	500	550	600
	圆桩 ϕ(mm)	300	400	500	500	550	600
起吊重量（t）		3.0	12	12	12	12	12
功率（kV）	压桩	22	37	44	60		
	起重	37					

2 主要工具：

钢丝绳吊索、卡环、撬杠、砂浴锅、铁盘、长柄勺、浇灌壶、扁铲、台秤、温度计。

4 操作工艺

4.1 工艺流程

测量桩位 → 桩机就位 → 吊桩插桩 → 桩身对中 → 静压沉桩 → 接桩 →

再静压沉桩 → 终止压桩 → 切割桩

4.2 测量桩位

施工前，样桩的控制应按设计原图，并以轴线为基准对样桩逐根复核，作好测量记录，复核无误后方可试桩、压桩施工。

4.2.1 采用静压沉桩时，场地地基承载力不应小于压桩机接地压强的 1.2 倍，且场地应平整。

4.2.2 静力压桩宜选择液压式和绳索式压桩工艺；宜根据单节桩的长度选用顶压式液压压桩机和抱压式液压压桩机。

选择压桩机的参数应包括下列内容：

1 压桩机型号、桩机质量（不含配重）、最大压桩力等；

2 压桩机的外形尺寸及拖运尺寸；

3 压桩机的最小边桩距及最大压桩力；

4 长、短船型履靴的接地压强；

5 夹持机构的形式；

6 液压油缸的数量、直径，率定后的压力表读数与压桩力的对应关系；

4.3 桩机就位：压桩机的安装，必须按有关程序及说明书进行。压桩机就位时应对准桩位，启动平台支腿油缸，校正平台处于水平状态。

4.4 吊桩插桩：起吊预制桩。用索具捆绑住桩上部 50cm 处，启动机器起吊预制桩，使桩尖对准桩位中心，缓慢下插入土中，回复门架在桩顶上扣好桩帽，可卸去索具，桩帽与桩周围应有 5～10mm 的间隙，桩帽与桩顶之间要有相应的硬木衬垫，厚度 10cm 左右。起动门架支撑油缸，使门架作微倾 15°，以便吊插预制桩。压桩施工应连续进行，同一根桩的中间停歇时间不宜超过 30min。设计要求送桩时，送桩的工具中心线应与桩身的中心线一致方可进行送桩，送桩深度一般不宜超过 2m。

4.5 桩身对中：稳桩和压桩当桩尖插入桩位，扣好桩帽后，微微启动压桩油缸，当桩入土 50cm 时，再次校正桩的垂直度和平台的水平度，保证桩的纵横双向垂直偏差不得超过 0.5％。然后启动压桩油缸，把桩缓慢下压，控制压桩速度，一般不宜超过 2m/min。单排桩的轴线误差应控制在 10mm 以内，待桩压平于地面时，必须对每根桩的轴线进行中间验收，符合允许标准偏差范围的方可送桩到位。

4.6 静压沉桩：压桩的顺序要根据地质及地形桩基的设计布置密度进行，在亚黏土及黏土地基施工，应尽量避免沿单一方向进行，以避免其向一边挤压造成压入深度不一，地基挤密程度不均。

4.7 再静压沉桩：当压桩力已达到设计荷载的两倍或桩尖已达到持力层时，应随限进行稳压。当桩长大于 15m 或密实砂土持力层时，宜取两倍设计荷载作为最后的稳压力，并稳压不少于三次每次 1min；当桩长小于 15m 或黏土持力层时宜，取两倍设计荷载作为最后的稳压力，并稳压不少于五次，每次 1min。测定其最后各次稳压的贯入度。如设计有要求按设计要求执行。

4.8 终止压桩：终压条件应符合下列规定

1 应根据现场试压桩的试验结果确定终压力标准；

2 终压连续复压次数应根据桩长及地质条件等因素确定。对于入土深度大于或等于 8m 的桩，复压次数可为 2～3 次；对于入土深度小于 8m 的桩，复压次数可为 3～5 次；

3 稳压压桩力不得小于终压力，稳定压桩的时间宜为 5～10s。

4.9 压桩施工时，应有专人或开启自动记录仪作好施工记录。

5　质量标准

5.0.1　施工前应检查进入现场的成品桩，接桩用电焊条等产品质量。

5.0.2　施工过程中应检查桩的贯入情况、桩顶完整状况、电焊接桩质量、桩体垂直度、电焊后的停歇时间。重要工程应对电焊接头做 10% 的焊缝探头检查。

5.0.3　施工结束后，应做承载力检验及桩体质量检验。

5.0.4　预应力管桩质量标准见表 31-4。

预应力管桩质量标准 表 31-4

项目	序号	检查项目		允许偏差或允许值		检查方法
				单位	数值	
主控项目	1	桩体质量检验		按《建筑基桩检测技术规范》JGJ 106 的规定值		按《建筑基桩检测技术规范》JGJ 106 的规定
	2	桩位偏差		见方桩要求		用钢尺量
	3	承载力		按《建筑基桩检测技术规范》JGJ 106 的规定值		按《建筑基桩检测技术规范》JGJ 106 的规定
一般项目	1	成品桩质量	外观	无蜂窝、露筋、颜色均匀密实、裂缝、桩顶处无孔隙		直观
	2		桩径	mm	±5	用钢尺量
			管壁厚度	mm	±5	用钢尺量
			桩尖中心线	mm	<2	用钢尺量
				mm	10	用钢尺量
	3	接桩：焊接质量		见钢桩要求		见钢桩要求
		电焊结束后停歇时间		min	>1.0	秒表测定
		上下节平面偏差		mm	<10	用钢尺量
		节点弯曲矢高			<L/1000	用钢尺量，L 为桩长
	4	停压标准		设计要求		现场实测或检查压桩记录
	5	桩顶标高		mm	±50	水准仪

6　成品保护

6.0.1　压桩完后应测量复核，在每根桩顶至少投设三个标高点。桩坑回填砂，清理现场施工用料。

6.0.2　对桩后的休止期实施定期观测，特别是超静孔隙水压力对深层土体的位移的影响，应制定有效的预控措施，桩身出现 30mm 位移时，应会同设计采取有效治理措施。

6.0.3 对桩后的休止期,应在桩区域内设置明显的标识。

6.0.4 基坑开挖,应制定合理的开挖顺序和采取一定的技术措施,防止桩倾斜或位移。

6.0.5 在凿出高于设计标高的桩顶混凝土时,要自上而下进行,不横向凿打,以免桩受水平冲击而破坏或松动。

7 注意事项

7.1 应注意的质量问题
7.1.1 桩体开裂
制作桩尖的偏心大、遇障碍物、稳桩不垂直、两节桩不同心、混凝土强度不够、桩身有裂纹,清理地下障碍物、校正桩架、接桩时保持上下桩节同心、检验强度,运输吊装时防止开裂。

7.1.2 压桩达不到设计要求深度
地质资料不明确致使设计选择桩长有误,地质详探,正确选择持力层或标高。

7.1.3 桩身倾斜
遇大块硬障碍物、两节桩不同心、土体密度不匀,及时纠正桩的垂直度、清理地下障碍物、调整压桩顺序。

7.1.4 接桩处松脱开裂
接合面未清理干净、焊接质量不好、硫磺胶泥强度不够、两节桩不同心,清理干净接合面、焊缝应连续饱满、硫磺胶泥保证达到设计强度、两节桩在同轴线上。

7.1.5 漏桩及桩位偏差
应加强施工管理采取预防措施。对桩位放样桩应多级复核,对定位插桩实行逐根检查防止漏桩,打桩完毕应进行一次全面复核,确认无误方可撤离。

7.2 应注意的安全问题
7.2.1 对桩帽及垫木、焊接物体加固检查,高空作业必须带安全带、安全帽,钢丝绳、扣件使用前必须经过检查,并定期保养。

7.2.2 地面桩坑、井、孔洞和沟槽均应铺设与地面平齐的固定盖板或设围栏、警告标志牌。危险处夜间设置警示红灯。

7.2.3 施工机具裸露部分(轴、风扇、传动部分、滑动机构等)应装设安全保护罩。

7.2.4 起重机吊桩时钢丝绳必须绑牢,起吊离地面 100mm,停止起吊进行全面检查,确认良好后,方可起吊。

7.2.5 电气设备要经常检查，机械检修要拉闸断电挂警告牌，电气作业要有监护人，漏电保护器，接地线及二次接地必须牢固可靠（三相五线制）接地电阻应小于10Ω。机械检修用的行灯电压不得超过24V。

7.2.6 氧气、乙炔气瓶、电焊机、消防器材及安全防护设施不得随意搬动，现场动火必须有动火证，操作时有人监护。

7.3 应注意的绿色施工问题

7.3.1 施工前按规定办理环保有关手续，施工噪声遵守《建筑施工场地噪声限值》，工程施工期间，注意操作，以免噪声扰民。

7.3.2 现场污水先经沉淀池沉淀，然后排入城市污水系统。生活垃圾统一运至环保部门指定场所。

7.3.3 施工现场要设排水沟，以便雨水能够集中排入市政管网。

7.3.4 未做硬地化的场地，要定期压实地面和洒水，减少灰尘对周围环境的污染．

7.3.5 土方外运或在施工现场弃土区采用清扫洒水等措施，减少扬尘的产生。

8 质量记录

8.0.1 原材料、半成品出厂合格证、产品质量检验报告、试验报告。

8.0.2 桩位测量放线记录。

8.0.3 分项工程质量验收记录。

8.0.4 隐蔽工程检查验收记录。

8.0.5 试配及施工配合比、硫磺胶泥抗压、试验报告。

8.0.6 焊接工艺评定、焊接试验报告。

8.0.7 接桩焊接X射线探伤报告。

8.0.8 抽样质量检验报告。

8.0.9 沉桩质量检查报告。

8.0.10 单桩承载力报告。

8.0.11 其他技术文件。

第32章 沉井和沉箱基础

本工艺标准适用于工业与民用建筑中不稳定含水层、黏性土、砂土、砂砾石等地基中的深坑、地下室、水泵房、设备基础等工程。

1 引用标准

《建筑地基工程施工质量验收标准》GB 50202—2018；

《混凝土结构工程施工质量验收规范》GB 50204—2015；

《地下防水工程施工质量验收规范》GB 50208—2011；

《建筑工程施工质量验收统一标准》GB 50300—2013；

《建筑地基基础工程施工规范》GB 51004—2015；

《混凝土结构工程施工规范》GB 50666—2011；

2 术语

2.1 沉井：是井筒状的结构物，它是以井内挖土，依靠自身重力克服井壁摩阻力后下沉到设计标高，然后经过混凝土封底并填塞井孔，使其成为桥梁墩台或其他结构物的基础。

2.2 沉箱：深基础的一种。是一个有顶无底的箱型结构（沉箱工作室）。顶盖上部有气闸，便于人员、材料、土进出工作室，同时保持工作室的固定气压。

3 施工准备

3.1 作业条件

3.1.1 施工方案要求

1 在沉井施工地点进行钻孔，了解地质、水文、地下埋设物和障碍物等情况。

2 根据工程结构特点、地质水文情况、施工设备条件及技术的可行性，编制切实可行的施工方案或施工技术措施。

3 沉井（箱）分节制作时按高的稳定性已作计算。

4 按施工方案的要求整平场地。拆迁施工区范围内的障碍物，修建临时施工用道路、临时设施、围墙、水电线路、安装施工设备等。

5　进行技术交底，使施工人员了解并熟悉施工沉井的工艺过程，掌握技术要点、质量要求以及可能发生的问题和处理方法。

3.1.2　上道工序具备的条件

1　基槽必须经过相关单位（建设单位、施工单位、监理单位、设计单位）检验验收合格并签字确认。

2　基槽内松土已清除，并清除填方范围内的草皮，树根，淤泥，积水抽除，局部松软土层，或孔洞挖除并分层夯填处理，平整压实，经监理工程师检查认可，实测开挖前标高后，方能施工。

3.2　材料及机具

3.2.1　材料

1　水泥：用普通硅酸盐水泥或矿渣硅酸盐水泥。

2　砂：宜用粗砂或中砂，含泥量不大于 5%。

3　水：宜用饮用水或不含有害物质的洁净水。

4　外加剂、掺合料：根据气候条件、工期和设计要求，通过试验确定。

5　钢筋：钢筋级别、直径符合设计要求。

6　其他：砖、石、钢板、型钢、防水材料应符合设计要求。

3.2.2　机具

1　机具设备：风动工具、挖土机械、排水机械、起重吊车、翻斗车或手推车、搅拌机、水力吸泥机、钢筋加工机械、电焊机；

2　主要工具：模板、脚手架、铁锹、扳手。

4　操作工艺

4.1　工艺流程

$$\boxed{测量放线} \rightarrow \boxed{沉井制作} \rightarrow \boxed{沉井下沉} \rightarrow \boxed{沉井封底}$$

4.2　测量放线

4.2.1　按施工平面图和沉井（箱）平面布置，设置测量控制网和水准基点，定出沉井中心轴线和基坑轮廓线。在原有建筑物附近下沉的沉井（箱），应定期对原建筑物进行沉降观测。

4.2.2　根据设计图纸显示：地下管线距顶管井比较近，因此施工前应摸清地下管线的详细情况和地质资料，提出相应的防范及应急措施，施工时应加强对周边建筑物和地下管线监测和保护。

4.3　沉井制作

4.3.1　沉井可采用砖、石、混凝土和钢筋混凝土等材料，沉箱大多是钢筋混凝土。在软弱地基上制作沉井，应采用砂、砂砾、碎石和混凝土等垫层，用打夯机夯实使之密实。垫层厚度视地基土质情况计算确定。

4.3.2　沉井下部刃脚的支设，可视沉井重量，施工荷载和地基承载力情况，采用砖垫架、木垫架或土底模等方法，其大小、间距应根据第一节沉井荷重计算确定。安设钢刃脚要时，其外侧应与地面垂直。

4.3.3　沉井井壁宜在基坑中制作，基坑应比沉井宽 2～3m，保证工人有足够的工作面，地下水位降至基坑底下 0.5m 以下。沉井高度大于 12m 时宜分节制作，在沉井下沉过程中，继续加高井身。

4.3.4　沉井制作的外模应采用钢模或刨光木模，模板应竖向支设。第一节沉井井壁应按设计尺寸周边加大 10～15mm，第二节相应缩小一些，以减少下沉摩阻力。有防水要求时，穿墙螺栓应加焊止水钢板。在井壁水平施工缝处，应设凸缝或钢板止水带。

4.3.5　沉井井壁的混凝土应分成若干段，同时对称、分层均匀浇筑，防止地基由于承载不均衡下沉发生倾斜。每节混凝土应一次连续浇筑完成，第一节混凝土强度达到设计要求的 70%，方可浇筑第二节。如有隔墙应与井壁同时浇筑，且隔墙底模板宜比刃脚上口高一些，保证沉井底板的整体性。分节水平缝宜做成凸型，并应清理干净，混凝土浇筑前施工缝应充分湿润。

4.3.6　井壁混凝土应浇筑密实，外表面应平整光滑，凸出表面物应在拆模时铲平，以利下沉。混凝土振捣时有专人用木锤轻击模板外侧以检查混凝土密实度，若发现模板有漏浆走动、变形、垫块脱落等现象，应停止操作，进行处理后方可继续施工。混凝土浇捣时施工人员操作平台不得与模板、钢筋连接。

4.3.7　混凝土浇捣后的 12h 以内应及时养护，对混凝土进行覆盖保湿养护。养护期间应防止阳光暴晒，温度骤变。对普通水泥拌制的混凝土不得少于 7 昼夜，如用矿渣水泥拌制的混凝土不得少于 14 昼夜，对于有抗渗要求的混凝土不得少于 14 昼夜。

4.4　沉井下沉

4.4.1　下沉前应检查沉井的外观，以及混凝土强度等级和抗渗等级；计算沉井下沉的分段摩阻力和分段的下沉系数，确定下沉的方法和措施。

4.4.2　在下沉前应分区（组）对称、同步地抽除刃脚下的垫架，每抽出一根垫木后，在刃脚下立即用砂、卵石或砾砂填实。沉井下沉前应分区对称凿除混凝土垫层。

4.4.3　沉井下沉常用明沟集水井排水方法。即在沉井内离刃脚 2～3m 挖一圆排水明沟，设 3～4 个集水井，深度比开挖面底部低 1.0～1.5m，沟和井底深度随沉井挖土而不断加深；在井壁上设离心式水泵或井内设潜水泵，将地下水排出井外。当地质条件较差或有流砂发生的情况时，可在沉井周围采用轻型井点、深井井点或井点与明沟排水相结合的方法进行降水。

4.4.4 沉井挖土多采用人工或风动工具进行，或在井内采用小型反铲挖土机挖掘。挖土应对称、分层、均匀地进行，一般是由中间挖向四周，每层土厚0.4～0.5m，沿刃脚周围保留 1.0～1.5m 宽的台阶，然后再沿井壁每 2～3m 为一段向刃脚方向对称、均匀地削薄土层，每次削 50～100mm 厚。为不产生过大的倾斜，井内各仓的土面高度不超过 500mm。沉井内土方采用塔式起重机或履带式起重机吊出井外，汽车运走，不可堆在沉井附近。

4.4.5 在沉井外部地面上及井壁顶部四周，设置纵横十字中心线和水平基点，控制沉井位置与标高，在井壁内按 4 等分或 8 等分标出垂直轴线，各吊线坠一个分别对准下部标板，控制沉井的垂直度。每班观测两次，做好记录。如有倾斜、位移和扭转等情况，应及时通知施工管理人员，采取措施并使偏差控制在允许范围之内。

4.4.6 井壁下沉时，外侧土会随之下陷而与筒壁间形成空隙，一般应在筒壁外侧填砂，保持不少于 300mm 高，随下沉灌入空隙中，减少下沉的摩阻力，并减少以后的清淤工作。

4.4.7 沉井下沉接近设计标高时，应每 2h 观测一次，如果超沉，可在四周或筒壁与底梁交接处砌砖垛或垫枕木，使沉井稳定。

4.4.8 沉箱开始下沉至填筑作业室完毕，应用输气管不断地向沉箱作业室供给压缩空气，供气管路应装有逆止阀，以保证安全和正常施工。

4.4.9 在沉箱下沉过程中，作业室内应设置枕木垛或采取其他安全措施，作业室内土面距顶板的高度不得小于 1.8m。

4.4.10 如沉箱自重小于下沉阻力，采取降压强制下沉时，箱内所有人员均应出闸；沉箱内压力的降低值不得超过原有工作压力的 50%，每次强制下沉量不得超过 0.5m。

4.4.11 沉箱下沉到设计标高后，应按要求填筑作业室，并采取压浆方法填实顶板与填筑物之间的缝隙。

4.5 沉井封底

4.5.1 沉井沉至设计标高，经过 2～3d 稳定，或经观测在 8h 之内累计下沉量不大于 10mm，即可进行封底。

4.5.2 排水封底的方法是先将刃脚处新旧混凝土接触面冲洗干净或凿毛，对井底进行修整使之成为锅底形，由刃脚向中心挖放射形排水沟，填以卵石做为滤水盲沟，在中部设 2～3 个集水井与盲沟连通，使井底地下水汇集于集水井中，用潜水电泵排出，保持水位低于基底面 0.5m 以下。

4.5.3　封底一般铺一层 150～500mm 厚的卵石或碎石层，再在其上浇一层混凝土垫层，在刃脚下切实填严、振捣密实，保证沉井的最后稳定。垫层混凝土达到 50％强度后，在垫层上铺卷材防水层及混凝土保护层，绑钢筋时钢筋两端应伸入刃脚或凹槽内，最后浇筑底板混凝土。

4.5.4　底板混凝土应分层浇筑，由四周向中央推进，每层厚 300～500mm，振捣棒振实。如井内有隔墙，应前后左右对称的逐孔浇筑。

4.5.5　待底板混凝土强度达到 70％后，集水井逐个停止抽水，逐个封堵。封堵的方法是将集水井井水抽干，在套管内迅速用干硬性混凝土填塞并捣实。然后上法盘螺栓拧紧或四周焊牢封死，上部用混凝土垫实捣平。

5　质量标准

质量标准见表 32-1。

沉井（箱）工程质量检验标准

表 32-1

项	序	检查项目			允许值		检查方法
					单位	数值	
主控项目	1	混凝土强度			不小于设计值		28d 试块强度或钻芯法
	2	井（箱）壁厚度			mm	±15	用钢尺量
	3	封底前下沉速率			mm/8h	≤10	水准测量
	4	刃脚平均标高	沉井		mm	±100	测量计算
			沉箱		mm	±50	
	5	终沉后	刃脚中心线位移	沉井	$H_3 \geqslant 10m$	mm	≤1％H_3	测量计算
					$H_3 < 10m$	mm	≤100	
				沉箱	$H_3 \geqslant 10m$	mm	≤0.5％H_3	
					$H_3 < 10m$	mm	≤50	
	6		四角中任何两角高差	沉井	$L_2 \geqslant 10m$	mm	≤1％L_2 且≤300	测量计算
					$L_2 < 10m$	mm	≤100	
				沉箱	$L_2 \geqslant 10m$	mm	<0.5％L_2 且≤150	
					$L_2 < 10m$	mm	≤50	
一般项目	1	平面尺寸	长度		mm	±0.5％L_1 且≤50	用钢尺量
			宽度		mm	±0.5％B 且≤50	用钢尺量
			高度		mm	±30	用钢尺量
			直径（圆形沉箱）		mm	±0.5％D_1 且≤100	用钢尺量（互相垂直）
			对角线		mm	≤0.5％线长 且≤100	用钢尺量（两端中间各取一点）

续表

项	序	检查项目		允许值		检查方法
				单位	数值	
一般项目	2	垂直度			≤1/100	经纬仪测量
	3	预埋件中心线位置		mm	≤20	用钢尺量
	4	预留孔（洞）位移		mm	≤20	用钢尺量
	5	下沉过程中	四角高差 沉井	≤1.5%L_1~2.0%L_1 且≤500mm		水准测量
			沉箱	≤1.0%L_1~1.5%L_1 且≤450mm		水准测量
	6		中心位移 沉井	≤1.5%H_2且≤300mm		经纬仪测量
			沉箱	≤1%H_2且≤150mm		经纬仪测量

注：L_1—设计沉井与沉箱长度（mm）；L_2—矩形沉井两角的距离，圆形沉井为互相垂直的两条直径（mm）；B—设计沉井（箱）宽度（mm）；H_1—设计沉井与沉箱高度（mm）；H_2—下沉深度（mm）；H_3—下沉总深度，系指下沉前后刃脚之高差（mm）；D_1—设计沉井与沉箱直径（mm）；检查中心线位置时，应沿纵、横两个方向测量，并取其中较大值。

6　成品保护

6.0.1　沉井制作时，待第一节混凝土强度达到 70% 之后方可浇筑第二节混凝土。在第一节混凝土强度达到设计要求的 100%，而其上各节达到 70% 之后，方可开始下沉。

6.0.2　沉井下沉时，遇雨季施工应在外壁填砂，外侧做挡水堤，阻止雨水进入空隙，防止出现井壁与土体摩阻力为零而导致沉井突沉或倾斜。

6.0.3　在井壁上设水泵抽水时，应采取在井壁上预埋铁件，焊钢操作平台安设水泵，用草垫或橡皮垫，避免震动。

6.0.4　沉井下沉过程中，应始终对周围影响范围内的建筑物进行沉降观测，如有突发情况，应及时采取措施。

6.0.5　沉井外壁应平滑，砖石砌筑的沉井（箱）的外壁应抹一层水泥砂浆。

6.0.6　沉井（箱）混凝土可采用自然养护。如需加快拆模下沉，冬期可用防雨帆布覆盖模板外侧，通蒸汽加热养护或采用抗冻早强混凝土浇筑。

7　注意事项

7.1　应注意的质量问题

7.1.1　沉井的垫架拆除、下沉系数、封底厚度和封底的抗浮稳定性，均应通过计算并满足设计要求。

7.1.2　沉井壁上的预留洞在下沉前应堵塞封闭，防止下沉过程中泥土或地下水流入，影响施工操作或造成沉井重心偏移。

7.1.3　当地质勘察报告中揭示有流沙可能的地层时，沉井下沉中的挖土应采取先从刃脚挖起，每层厚 300mm，待沉井下沉后再挖中间部分，防止周边土向井中涌起。

7.1.4　沉井（箱）下沉困难时，可采取继续浇筑混凝土或在井顶加载；挖除刃脚下的土或在井内继续进行第二层碗形破土；在井外壁装排水管冲刷井外周围土，或在井壁与土间灌入触变泥浆或黄土等措施。

7.1.5　沉井（箱）下沉速度过快，出现异常情况时，可采取木垛在定位垫架处给以支撑，并重新调整挖土；在刃脚下不挖或部分不挖；在井外壁填粗糙材料，或将井外壁土夯实，加大摩阻力。如果井外壁的土液化发生虚坑时，可填碎石处理，或减少每一节井深的高度。

7.1.6　沉井（箱）下沉过程中，发生倾斜或位移应及时纠偏，当沉井垂直度出现歪斜超过允许限度，可采取在刃脚高的一侧加强取土，低的一侧少挖土或不挖土，待正位后再均匀分层取土；或在刃脚较低的一侧适当回填砂石或石块，延缓下沉速度；或在井外面深挖倾斜反面的土，回填到倾斜一面，增加倾斜面的摩阻力等措施。

7.1.7　沉井（箱）在施工前应对钢筋、电焊条及焊接成形的钢筋半成品进行检验。如不用商品混凝土，则应对现场的水泥、骨料做检验。

7.1.8　多次制作和下沉的沉井（箱），在每次制作接高时，应对下卧层作稳定复核计算，并确定确保沉井接高的稳定措施。

7.2　应注意的安全问题

7.2.1　沉井施工前，应掌握 2m 以内周围地质水文及地下障碍物情况，摸清对邻近建筑物、地下管道等设施的影响情况，并采取有效措施，防止施工中出现问题，影响正常和安全施工。

7.2.2　严格按照施工方案中确定的沉井垫架拆除和土方开挖程序，控制均匀挖土速度，防止突发性下沉和严重倾斜现象，导致人身事故。

7.2.3　沉井坑边及沉井土方吊运时，应认真制定并实施安全防护措施，所有参加施工人员必须进行安全教育，并认真佩戴防护用具。

7.2.4　沉井下沉中应做好降水排水工作，保证在挖土过程中不出现大量涌水、涌泥和流沙现象，避免淹井事故。

7.2.5　沉井内土方吊运，应由专人操作和专人指挥，统一信号，防止发生碰撞或脱钩；起重机吊运土方和材料，靠近沉井边行驶时，应加强对地基稳定性的检查，防止发生塌陷、倾翻事故。

7.2.6　沉井挖土应分层、分段、对称、均匀地进行，达到破土下沉时，操作人员应离开刃脚一定距离，防止突发性下沉发生事故。

7.2.7　加强机械设备维护、检查和保养；机电设备由专人操作，认真遵守用电安全操作规程，防止超负荷作业，并设漏电保护器；夜间作业，沉井内、外应有足够的照明，沉井内应采用 36V 安全电压。

7.2.8　沉井采用排水封底，应确保终沉时，井内不发生管涌、涌土及沉井止沉稳定。如不能保证时，应采取水下封底。

7.3　应注意的绿色施工问题

7.3.1　施工机械尽量采用低噪声机械，做好机械噪声的防护，同时做好排污水的沉淀处理。

7.3.2　施工时做好基坑周围临边的防护。

7.3.3　施工现场两侧沿线设置排水沟，将场地内的积水排至现有的排水系统，保证施工现场道路畅通，场地平整，无大面积积水。

7.3.4　废弃的塑料薄膜、保温材料应及时回收。

7.3.5　对易产粉尘、扬尘的作业面和装卸、运输过程，应制定具体的操作规程和洒水降尘制度。水泥等易飞扬细颗粒散物料尽量安排简易库仓存放，堆土场、散装物料露天堆放要压实、覆盖。

7.3.6　对施工中产生的弃土和余泥渣土应及时清运，选择有资质的运输单位并建立登记制度，防止中途倾倒事件发生并做到运输途中不散落。

7.3.7　每天排专人负责施工便道和现场机动车的保湿工作，以减少工地的扬尘。

7.3.8　施工场地硬地化，制定洒水降尘制度，指定专人负责洒水降尘，减少灰尘对周围环境的污染。

7.3.9　屑粒与多尘物料周围均封盖以减少扬尘，如需经常取料而无法封盖时，则应洒水、减速减少扬尘。

7.3.10　设置污水沉淀池，生活污水必须经过沉淀处理后才能排入附近的市政管网，施工污水即由井内集水后，集中排放到附近的市政管网，严禁将含有污染物质或可见悬浮物的水直接排入市政管网。

8　质量记录

8.0.1　测量放线记录。

8.0.2　原材料合格证、出厂检验报告及进场复验报告（商品混凝土出厂合格证等）。

8.0.3　隐蔽工程验收记录。

8.0.4　混凝土施工记录。

8.0.5　混凝土抗渗试验报告。

8.0.6　沉井（箱）施工记录。

8.0.7　沉井（箱）周围建筑物的沉降观测记录。

8.0.8　沉井（箱）的纠偏记录。

8.0.9　沉井（箱）工程检验批质量验收记录。

8.0.10　沉井（箱）分项工程质量验收记录。

8.0.11　混凝土、砂浆试件强度实验报告。

8.0.12　钢筋接头力学性能实验报告。

8.0.13　钢筋加工、安装检验批质量验收记录。

8.0.14　现浇结构模板安装工程检验批质量验收记录。

8.0.15　其他文件记录。